纤维增强复合材料
声发射检测技术

周伟◇著

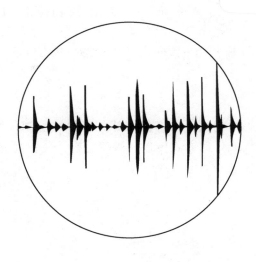

中国石化出版社
HTTP://WWW.SINOPEC-PRESS.COM

内 容 提 要

本书以纤维增强复合材料为研究对象，系统介绍了复合材料声发射检测技术研究成果，涉及玻璃纤维增强复合材料、碳纤维编织复合材料、碳/玻和碳/芳混杂编织复合材料等多种纤维增强复合材料体系的声学特性测量及其在不同力学加载条件下的声发射检测。

本书可作为仪器科学与技术等专业博士和硕士研究生的教材，也可供复合材料及无损检测工程技术人员和高年级本科生参考使用。

图书在版编目（CIP）数据

纤维增强复合材料声发射检测技术 ／ 周伟著 . —北京：中国石化出版社，2020. 11
ISBN 978-7-5114-6051-6

Ⅰ. ①纤… Ⅱ. ①周… Ⅲ. ①声发射–无损检验–纤维增强复合材料 Ⅳ. ①TG115. 28

中国版本图书馆 CIP 数据核字（2020）第 224491 号

中国石化出版社出版发行
地址：北京市东城区安定门外大街 58 号
邮编：100011 电话：(010)57512500
发行部电话：(010)57512575
http://www. sinopec-press. com
E-mail：press@ sinopec. com
北京艾普海德印刷有限公司印刷
全国各地新华书店经销
＊
710×1000 毫米 16 开本 12. 5 印张 262 千字
2020 年 11 月第 1 版 2020 年 11 月第 1 次印刷
定价：68. 00 元

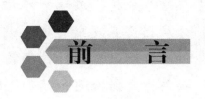

前　言

　　纤维增强复合材料可设计性强，具有优异的力学性能，广泛应用于航空航天、汽车、能源、石油化工、电力等诸多领域。受制造工艺等随机因素影响，纤维增强复合材料难免会产生孔隙、纤维断裂、基体开裂和分层等结构损伤缺陷，这些损伤缺陷在实际静/动载荷、疲劳等条件作用下，将加剧复合材料结构损伤的扩展与积累，最终导致其失稳破坏。为确保复合材料在服役过程中的可靠与安全，近年来，对其变形损伤与破坏行为的研究工作被更加重视，该项工作也更具有重要意义。

　　声发射技术对动态损伤过程比较敏感，能够实时发现复合材料结构内部基体开裂、纤维断裂、分层等损伤行为，是一种有效的动态无损检测手段。目前，单独针对复合材料或声发射检测技术的内容已有相应的图书出版，但专门涉及纤维增强复合材料声发射检测方面的内容较少。本书在纤维增强复合材料介绍和声发射技术原理与信号分析的基础上，重点突出作者近10年来在纤维增强复合材料声发射检测方面的研究成果。首先分析了玻璃纤维增强复合材料常规力学损伤声发射检测、复合材料分层及胶接界面损伤声发射检测，其次介绍了碳纤维平纹编织和三维编织复合材料损伤声发射检测，最后论述了碳/玻和碳/芳混杂纤维增强复合材料损伤声发射检测。本书涉及多种纤维增强复合材料体系在不同力学加载条件下的声发射检测等内容，为纤维增强复合材料的结构设计、无损评价与健康监测等提供基础。

全书分为 8 章，包括纤维增强复合材料基础、声发射技术原理与信号分析、玻璃纤维增强复合材料损伤声发射检测、复合材料分层损伤声发射检测、复合材料胶接界面损伤声发射检测、碳纤维平纹编织复合材料损伤声发射检测、碳纤维三维编织复合材料损伤声发射检测和混杂纤维增强复合材料损伤声发射检测等内容。

感谢李亚娟、刘然、吕智慧、卢博远、赵文政、张燕南、张鹏飞、尹寒飞、商雅静等毕业研究生在复合材料声发射检测方面的实验研究工作，感谢秦礽、杨飒、姬晓龙、郭雪吟等多位研究生对本书的插图绘制和文字校对工作。

由于作者水平有限，书中难免有错误和不妥之处，恳请读者批评指正。

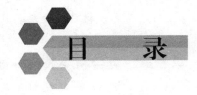

目 录

第1章 纤维增强复合材料基础 ……………………………………………（ 1 ）

1.1 纤维增强复合材料的组成与结构 ………………………………（ 1 ）

1.2 复合材料主要缺陷类型和损伤模式 ……………………………（ 6 ）

1.3 复合材料力学性能测试方法 ……………………………………（ 7 ）

第2章 声发射技术原理与信号分析 ………………………………………（10）

2.1 声发射检测技术原理 ……………………………………………（10）

2.2 声发射信号的参数与波形特征 …………………………………（11）

2.3 声发射信号的传播、衰减与源定位 ……………………………（13）

2.4 声发射信号的频谱分析 …………………………………………（16）

2.5 声发射信号的小波分析 …………………………………………（16）

2.6 声发射信号的聚类分析 …………………………………………（17）

2.7 声发射信号的统计分析 …………………………………………（19）

第3章 玻璃纤维复合材料损伤声发射检测 ………………………………（21）

3.1 复合材料声发射衰减与源定位分析 ……………………………（21）

3.2 单向复合材料拉伸损伤声发射特性 ……………………………（24）

3.3 单向复合材料弯曲损伤声发射特性 ……………………………（29）

3.4 多轴向复合材料拉伸损伤声发射特性 …………………………（35）

3.5 含褶皱缺陷复合材料损伤声发射特性 …………………………（40）

3.6 玻璃纤维复合材料损伤声发射信号聚类分析 …………………（44）

3.7 风电叶片复合材料疲劳加载声发射监测 ………………………（49）

第4章 复合材料分层损伤声发射检测 ……………………………………（69）

4.1 复合材料 I 型分层损伤声发射特性 ……………………………（69）

4.2 单复合材料 II 型分层损伤声发射特性 …………………………（72）

I

4.3 单向复合材料分层损伤声发射信号小波分析 ……………… (78)

4.4 含单个分层缺陷复合材料损伤演化声发射特性 ……………… (80)

4.5 复合材料多分层损伤演化声发射特性 …………………………… (87)

第5章 复合材料胶接界面损伤声发射检测 ……………………… (91)

5.1 复合材料单搭接接头损伤声发射特性 …………………………… (91)

5.2 复合材料胶接缺陷损伤演化声发射特性 ………………………… (95)

5.3 复合材料柱壳拉伸损伤声发射特性 ……………………………… (103)

5.4 复合材料柱壳扭转损伤声发射特性 ……………………………… (106)

第6章 碳纤维平纹编织复合材料损伤声发射检测 …………… (114)

6.1 碳纤维平纹编织复合材料拉伸损伤声发射特性 ……………… (114)

6.2 碳纤维平纹编织复合材料弯曲损伤声发射特性 ……………… (122)

6.3 碳纤维平纹编织复合材料静压痕损伤声发射特性 …………… (126)

6.4 碳纤维平纹编织复合材料压缩损伤声发射特性 ……………… (130)

第7章 碳纤维三维编织复合材料损伤声发射检测 …………… (135)

7.1 碳纤维三维编织复合材料拉伸损伤声发射特性 ……………… (135)

7.2 不同厚度三维四向编织复合材料拉伸损伤声发射行为 ……… (140)

7.3 碳纤维三维编织复合材料损伤声发射信号统计分析 ………… (147)

7.4 碳纤维三维编织复合材料弯曲损伤声发射特性 ……………… (155)

7.5 碳纤维三维编织复合材料多级渐进损伤声发射特性 ………… (160)

第8章 混杂纤维增强复合材料损伤声发射检测 ……………… (166)

8.1 碳/玻混杂复合材料拉伸损伤声发射特性 ……………………… (166)

8.2 碳/芳混杂复合材料拉伸损伤声发射特性 ……………………… (174)

8.3 碳/芳混杂复合材料弯曲损伤声发射特性 ……………………… (179)

8.4 碳/芳混杂复合材料多级渐进损伤声发射特性 ………………… (184)

参考文献 ……………………………………………………………………… (191)

第1章 纤维增强复合材料基础

1.1　纤维增强复合材料的组成与结构

1.1.1　纤维增强复合材料的组成

复合材料是由两种或两种以上物理、化学性质不同的物质组合而成的一种多相固体的材料，与各组分材料相比，能够在性能上取长补短，通过协同作用获得单一组分材料无法满足的优异的综合性能。复合材料中的聚合物等基体为连续相，增强纤维等增强材料为分散相，分散相以独立的形态分布在整个连续相，基体与增强材料之间由界面相连。

复合材料一般根据增强材料和基体的名称来命名，例如，玻璃纤维环氧树脂复合材料、环氧树脂复合材料、碳纤维复合材料、金属基复合材料、碳/玻混杂复合材料等。

复合材料种类繁多，按基体材料的不同，可分为聚合物基复合材料、金属基复合材料和无机非金属复合材料；按增强材料形态的不同，可分为连续纤维复合材料、短纤维复合材料、粒状填料复合材料和编织复合材料；按增强纤维种类的不同，可分为玻璃纤维复合材料、碳纤维复合材料、有机纤维复合材料、金属纤维复合材料、陶瓷纤维复合材料及混杂复合材料；按复合材料的不同作用，可分为结构复合材料和功能复合材料。其中，纤维增强聚合物基复合材料比强度、比模量高，可设计性强，具有优异的抗疲劳、减振、耐久和抗腐蚀等性能，破损安全性好，能够满足现代工业发展的需求，广泛应用于航空航天、汽车、能源、石油化工、电力、交通、建筑等诸多领域。

（1）聚合物基体

纤维增强聚合物基复合材料的基体材料包括热固性树脂、热塑性树脂和橡胶等，基体的作用主要体现在三个方面：黏结纤维、传递纤维间的载荷和保护纤维。虽然增强纤维承担了复合材料结构的主要载荷，但聚合物基体的力学性能会显著影响增强纤维的承载效应。

热固性树脂交联固化后，形成网状结构，其刚性大、硬度高、耐温高、尺寸稳定性好。常见的热固性树脂有不饱和聚酯树脂、环氧树脂、酚醛树脂、呋喃树脂和有机硅树脂等。

不饱和聚酯树脂工艺性能良好、价格低廉，但其固化时体积收缩率高且力学性能较低，成型过程气味和毒性大，主要用于玻璃纤维复合材料，很少用于碳纤维复合材料。结合汽车工业发展需要，用玻璃纤维部分取代碳纤维的混杂复合材料发展模式为价格低廉的聚酯树脂的新应用提供了可能。不饱和聚酯分子链中含有不饱和双键，虽然在热的作用下这些双键可以直接交联，但这种交联很脆，一般是通过交联剂、引发剂和促进剂完成固化，其固化过程是一个放热反应，主要包括胶凝阶段、硬化阶段和完全固化阶段等过程。

环氧树脂按原料组分不同，可分为双酚型环氧树脂、非双酚型环氧树脂、有机硅环氧树脂、氨基环氧树脂、缩水甘油酯类环氧树脂、脂环族环氧树脂和脂肪族环氧树脂等类型。环氧树脂为线性结构，需要加入胺类、酸酐类、咪唑类和潜伏性等类型的固化剂才能形成固化网状结构，不同类型的固化剂对环氧树脂性能有一定影响。

酚醛树脂的含碳量高、耐高温性能好、价格低于环氧树脂，但其吸附性不好、收缩率和复合材料孔隙含量较高，可用于耐高温玻璃纤维复合材料，很少用于碳纤维复合材料。按照酚醛树脂中酚类和醛类配比及不同的催化剂，可将酚醛树脂分为热固性和热塑性两大类。酚醛树脂的固化方式有两种：一种是在加热条件下直接利用酚醛结构本身的活性基团，进行化学反应固化，不需要任何固化剂；另一种是借助固化剂完成固化。此外，仅由苯酚和甲醛缩合而成的酚醛树脂脆性大、黏附力小，一般通过聚乙烯醇缩丁醛、二甲苯和硼等改性酚醛树脂，进而提高其机械强度、耐热性等综合性能。

（2）增强纤维

纤维增强聚合物基复合材料的增强纤维主要有无机纤维和有机纤维两大类，无机纤维包括玻璃纤维、碳纤维和硼纤维等，有机纤维包括芳纶和尼龙纤维等。

玻璃纤维成本低廉，具有耐热、耐化学腐蚀、绝缘性好等优点，广泛作为纤维增强复合材料中的增强体。玻璃纤维的分类方法也很多，根据碱金属氧化物含量的不同，可分为无碱玻璃纤维（碱金属氧化物含量不大于 0.5%，国外一般为 1% 左右）、有碱玻璃纤维、中碱玻璃纤维（碱金属氧化物含量为 3.5% ~ 12.5%）和特种玻璃纤维。无碱玻璃纤维强度较高，耐热性和电性能好，能抗大气侵蚀，应用最为广泛。有碱玻璃纤维含碱度高，对潮气侵蚀极为敏感，很少使用。中碱玻璃纤维适用于耐酸性腐蚀环境，价格低廉。特种玻璃纤维包括高强玻璃纤维、高硅氧纤维和石英纤维等。根据玻璃纤维的单丝直径，可划分为粗纤维（30μm）、初级纤维（20μm）、中级纤维（10 ~ 20μm）、高级纤维（3 ~ 10μm）、超细纤维（小于 4μm）。根据玻璃纤维的性能，可划分为高强玻璃纤维、高模量玻璃纤维、耐高温玻璃纤维、耐酸玻璃纤维、耐碱玻璃纤维和普通玻璃纤维等。根据玻璃纤的外观，可划分为长纤维、短纤维和空心纤维等。用于纤维增强聚合物基复合材料的玻璃纤维直径在 $5\sim20\mu m$ 之间，其拉伸强度较高，延伸率小（2%~3%），但扭转和剪切强度相对较低。

碳纤维是由有机纤维经固相反应转变而成的纤维状聚合物碳，密度为 $1.5\sim2.0g/cm^3$，具有低密度、高强度、高模量、耐高温、高导热系数、抗化学腐蚀和耐辐射等诸多优点，但高温抗氧化性能、抗冲击性较差。碳纤维复合材料能表现出优异的 X 射线透过性，阻止中子透过性，可具备导热性和导电性。碳纤维种类很多，可按原丝的类型、碳纤维的性能和用途进行划分。依据碳纤维的力学性能，分为高性能碳纤维（高强度碳纤维、高模量碳纤维、中模量碳纤维等）和低性能碳纤维（耐火纤维、碳质纤维、石墨纤维等）；依据原丝类型，分为聚丙烯腈基碳纤维、酚醛基碳纤维、沥青基碳纤维、纤维素基碳纤维等；依据碳纤维功能，分为受力结构用碳纤维、活性炭纤维、导电用纤维、润滑用纤维、耐磨用纤维等。碳纤维广泛用于航空航天、交通运输、运动器材、能源、建筑等诸多领域。

硼纤维通常以钨丝和石英为芯材，利用化学气相沉积法在上面包覆硼获得，是一种新型的无机复合纤维。该类纤维直径在 $100\mu m$ 左右，密度为 $2.62g/cm^3$，熔点为 2050℃，弹性模量高，导热性高，热膨胀系数低，耐酸碱腐蚀性和电绝缘性好，具备吸收中子的能力。硼纤维主要用于航空航天、体育用品和工业制品等复合材料领域，其中硼纤维与碳纤维的混合结构具有很高的刚性，热膨胀系数趋近于 0，能够适用宇航环境变化的需求。

芳纶纤维是由芳香族聚酰胺树脂纺成的纤维，具备优异的拉伸性能、减振性、耐磨性、耐冲击性、抗疲劳性和尺寸稳定性，热膨胀系数和导热系数低，密度约为 $1.44g/cm^3$。将芳纶纤维与碳纤维混杂，能获得较好的抗冲击性能。芳纶纤维热膨胀系数具有各向异性，可见光和紫外线暴露下会导致光致降解，抗压强度低，吸湿性强等不足。为此，芳纶纤维应密闭保存，保持干燥。芳纶纤维主要应用于航空航天、船艇、汽车、防弹制品、建筑等领域。

1.1.2 纤维增强复合材料的结构

根据纤维增强材料铺层方式不同，纤维增强复合材料有单向、多轴向、平面二维编织和三维纺织结构等多种形式。单向纤维复合材料中纤维呈最简单的铺层方式，通常按一定顺序或角度进行排列铺设，如图 1-1（a）所示的单向玻璃纤维布。多轴向织物是由 0°的经纱、90°的纬纱和±45°的斜向纱铺设的纤维层经聚酯缝编线缝编而成，满足复合材料制品的整体铺设要求。多轴向织物的结构包括双轴向、三轴向和四轴向等多种情形，双轴向织物有（0°，90°）和（±45°）两种方式，三轴向织物有（0°，±45°）和（90°，±45°）两种方式，四轴向织物铺设方式为（0°，90°，±45°），图 1-1（b）为典型的±45°玻璃纤维双轴向织物。多轴向织物增加了纤维增强复合材料制品的强度和刚度，表面质量得到有效改善。

(a) 单向玻璃纤维布   (b) 多轴向玻璃纤维布

图1-1　单向和多轴向玻璃纤维铺设

与单向纤维复合材料相比，平面二维编织复合材料中的增强纤维相互缠绕，呈现出良好的整体性，具有较好的剪切强度、断裂韧性和抗冲击性。典型的平面二维二轴编织复合材料纤维排列方式及单胞结构如图1-2所示。

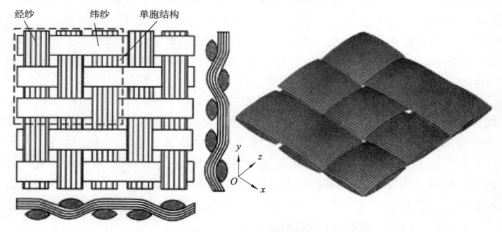

图1-2　平面编织复合材料纤维排列及单胞模型

纤维增强三维纺织复合材料结构包括三维机织（Woven）、三维编织（Braided）和三维针织（Knitted）等多种形式，如图1-3所示。该类复合材料贯穿于厚度方向的纤维束增强了层间的结合力，显著提高了复合材料结构的稳定性与抗分层能力。

三维角联锁机织复合材料成型效率高、可设计性好，使经纱在厚度方向上以一定屈曲变化角度铺设到相邻层纬纱，在经纱长度方向上呈现波浪状变化。根据经纱在复合材料厚度方向上交织层数的不同，三维角联锁机织复合材料可分为层层接结(Layer-to-layer)与贯穿接结(Through the thickness)两种类型，如图 1-4 所示。

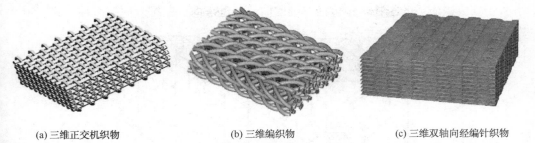

(a) 三维正交机织物　　　　　(b) 三维编织物　　　　　(c) 三维双轴向经编针织物

图 1-3　纤维增强三维纺织复合材料结构

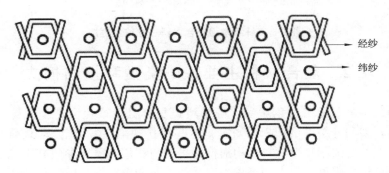

→ 经纱

→ 纬纱

(a) 层层接结三维角联锁

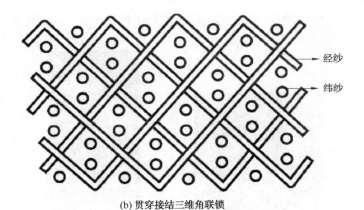

→ 经纱

→ 纬纱

(b) 贯穿接结三维角联锁

图 1-4　三维角联锁机织复合材料结构

　　三维编织纤维增强复合材料的纤维编织方式和织造技术不同于二维编织，其制备一般是利用编织技术将经向、纬向和法向纱线编织成一个在三维空间多向分布的整体预制件，再进行树脂浸渍固化。由于三维编织空间结构完整且多向分布，复合材料极大程度地降低了分层损伤出现的可能性，在阻止冲击载荷作用下

5

层间裂纹扩展方面发挥作用。

纤维增强复合材料三维编织方法主要有四步编织法和二步编织法，如图 1-5 所示，编织而成的织物结构包括三维四向、三维五向、三维六向等多种形式。

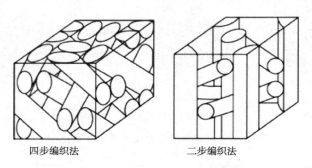

四步编织法　　　　　　　二步编织法

图 1-5　纤维增强复合材料三维编织方法

1.2　复合材料主要缺陷类型和损伤模式

受制造工艺等随机因素影响，纤维增强复合材料难免会产生孔隙、纤维断裂、基体开裂和分层等结构损伤缺陷，这些损伤缺陷在实际静/动载荷、疲劳等条件作用下，将加剧复合材料结构损伤的扩展与积累，最终导致其失稳破坏。为确保复合材料在服役过程中的可靠与安全，对其变形损伤与破坏行为的研究具有重要意义。

纤维增强复合材料的主要损伤缺陷类型如图 1-6 所示，孔隙作为最常见缺陷

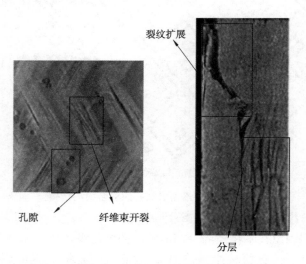

图 1-6　纤维增强复合材料的主要损伤缺陷类型

6

将直接导致复合材料拉伸强度、层间剪切强度和弯曲强度的下降，且孔隙的形状、尺寸、位置、含量等可变因素会对复合材料的力学性能产生不同程度的影响。纤维断裂缺陷将显著降低复合材料结构的承载能力。分层是复合材料层间的脱粘或开裂，易出现在层合复合材料结构中，是纤维增强复合材料的典型缺陷。分层损伤缺陷可能源于基体纤维间热膨胀系数不匹配、固化工艺不合理、相邻铺层间隔时间过长、树脂提前固化等因素，将直接影响复合材料的压缩强度和刚度，破坏了复合材料结构的完整性。三维纺织复合材料结构中的纤维呈空间多向分布，很大程度上避免了分层损伤缺陷的产生。

纤维增强复合材料的物理损伤机制与破坏模式如图 1-7 所示，复合材料的损伤主要包括基体开裂、分层、纤维-基体界面脱粘、纤维断裂、纤维拔出等，各种损伤可以归纳为三类：基体主导的损伤、界面损伤和纤维主导的损伤。各种损伤模式的出现会直接影响纤维增强复合材料服役的可靠性、安全性和使用寿命。

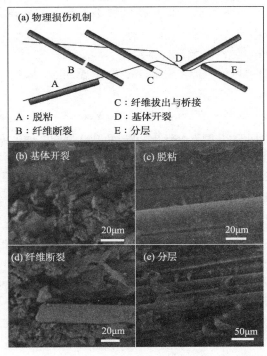

图 1-7　纤维增强复合材料的物理损伤机制与破坏模式

1.3　复合材料力学性能测试方法

准确的复合材料力学数据是研究纤维增强复合材料结构力学性能的基础，复合材料力学性能测试方法主要有拉伸试验、压缩试验、弯曲试验、层间剪切测试、面内剪切测试、断裂韧性和疲劳测试等。依据相关标准测得的力学性能数据可用于材料规范、质量保证、材料研究及结构设计的分析工作中。

复合材料拉伸性能标准试验方法可参照 ASTM D3039、GB/T 1447—2005、GB/T 33613—2017 等标准，其加载试验是基于规定条件下，沿试件纵轴方向对试件均匀施加拉伸载荷以进行纵向拉伸或横向拉伸并使其失效破坏的测试，从该测试结果中可获得复合材料的极限拉伸强度、弹性模量和泊松比等性能参数。复合材料压缩性能标准试验方法可参照 ASTM D3410、GB/T 33614—2017 等标准，压缩加载测试是指在规定条件下，对试件两端施加压缩载荷并使其屈曲破坏的试验。复合材料弯曲性能标准测试方法可参照 ASTM D7264、GB/T 1449—2005、GB/T 33621—2017 等标准，弯曲测试主要包括三点弯曲试验和四点弯曲试验，是指将试件置于两个支点上并在试件上施加集中载荷，使试件发生形变并失稳破坏的过程。复合材料 V 缺口剪切性能测试标准方法可依据 ASTM D7078、GB/T 28889—2012 等标准，剪切加载是指夹持试件于夹具上并对试件施加剪切载荷直至剪切破坏的测试。

典型的复合材料力学性能测试标准如下：

ASTM D3039/D3039M – 17《Standard Test Method for Tensile Properties of Polymer Matrix Composite Materials》

ASTM D3410/D3410M – 16《Standard Test Method for Compressive Properties of Polymer Matrix Composite Materials with Unsupported Gage Section by Shear Loading》

ASTM D6484/D6484M – 14《Standard Test Method for Open – Hole Compressive Strength of Polymer Matrix Composite Laminates》

ASTM D7264/D7264M – 15 Standard Test Method for Flexural Properties of Polymer Matrix Composite Materials

ASTM D3165 – 07（2014）Standard Test Method for Strength Properties of Adhesives in Shear by Tension Loading of Single-Lap-Joint Laminated Assemblies

ASTM D7078/D7078M-20 Standard Test Method for Shear Properties of Composite Materials by V-Notched Rail Shear Method

ASTM D7136/D7136M-15 Standard Test Method for Measuring the Damage Resistance of a Fiber-Reinforced Polymer Matrix Composite to a Drop-Weight Impact Event

ASTM D3479/D3479M-19 Standard Test Method for Tension-Tension Fatigue of Polymer Matrix Composite Materials

ASTM D6115-97（2019）Standard Test Method for Mode I Fatigue Delamination Growth Onset of Unidirectional Fiber-Reinforced Polymer Matrix Composites

ASTM D7905/D7905M-19e1 Standard Test Method for Determination of the Mode

Ⅱ Interlaminar Fracture Toughness of Unidirectional Fiber – Reinforced Polymer Matrix Composites

GB/T 1447—2005 纤维增强塑料拉伸性能试验方法
GB/T 1449—2005 纤维增强塑料弯曲性能试验方法
GB/T 3354—2014 定向纤维增强聚合物基复合材料拉伸性能试验方法
GB/T 3355—2014 聚合物基复合材料纵横剪切试验方法
GB/T 3356—2014 定向纤维增强聚合物基复合材料弯曲性能试验方法
GB/T 28889—2012 复合材料面内剪切性能试验方法
GB/T 30969—2014 聚合物基复合材料短梁剪切强度试验方法
GB/T 30970—2014 聚合物基复合材料剪切性能 V 型缺口梁试验方法
GB/T 32377—2015 纤维增强复合材料动态冲击剪切性能试验方法
GB/T 33613—2017 三维编织物及其树脂基复合材料拉伸性能试验方法
GB/T 33614—2017 三维编织物及其树脂基复合材料压缩性能试验方法
GB/T 33621—2017 三维编织物及其树脂基复合材料弯曲性能试验方法

第2章 声发射技术原理与信号分析

2.1 声发射检测技术原理

声发射（Acoustic Emission）是指材料或结构在外加载荷作用下，局部应力峰值达到承受极限，材料发生塑性形变或断裂，并以瞬态弹性波形式快速释放能量的现象。当释放的弹性应变能足够大时，可以产生人耳听到的声音，例如：材料及结构的最终断裂与破坏。一般情况下，材料塑性变形与裂纹扩展等过程产生的声发射信号相对较弱，需要借助声发射传感器和检测仪器系统来实现声发射信号的采集、放大、分析和处理。声发射检测技术原理如图2-1所示，材料塑性变形或断裂产生的瞬态弹性波到达被检工件表面时，会形成机械振动，引起表面位移的变化；耦合在工件表面的声发射传感器将机械振动转换为电信号，再经前置放大器放大，声发射仪内置系统转换为数字信号进行处理和记录；最终结合声发射信号的综合分析，实现声发射源信号的定位与识别。

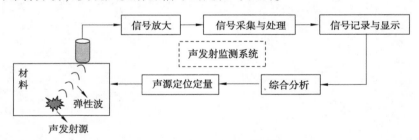

图2-1 声发射检测技术原理

材料塑性变形与裂纹扩展等过程是结构失效的重要机制，对应的瞬态弹性波称为典型的声发射源。纤维增强复合材料的基体开裂、分层、纤维断裂、纤维-基体界面脱粘、纤维拔出等损伤机制伴随着弹性应变能的快速释放，是典型的声发射源。

由于纤维增强复合材料结构的各向异性，对其内部损伤的变化信息提取具有较大的不确定性。声发射检测技术能够实现材料或结构损伤的实时动态监测，且对结构内部损伤信号的提取具有整体性，再结合各种声发射信号的分析方法和处理手段，可有效描述复合材料的损伤变形和渐进失效规律。

2.2 声发射信号的参数与波形特征

2.2.1 突发型和连续型声发射信号

声发射信号主要分为突发型信号和连续型信号两类。声发射信号如果是断续的，呈现脉冲状，在时间上可分开，即为突发型信号。若声发射信号在时间上没有分开，大量的声发射事件在同一时间发生，即为连续型信号。纤维增强复合材料的基体开裂、分层、纤维断裂、纤维-基体界面脱粘、纤维拔出等损伤产生的声发射信号以突发型信号为主，当声发射信号的频度达到在时域上不可区分时，就表现为连续型信号，例如大量损伤同时发生。

2.2.2 声发射信号的参数特征

突发型的声发射信号参数特征包括撞击(事件)计数、振铃计数、幅度、能量、上升时间、持续时间和时差等，如图 2-2 所示。连续型的声发射信号参数特征表现在振铃计数、平均信号电平和有效值电压。

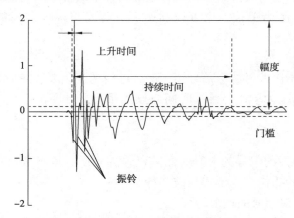

图 2-2　声发射信号参数特征

（1）门槛值

声发射信号的幅度超过门槛值时，声发射检测设备才能进行采集。在工程检测和科学研究中，常常通过设置门槛值来屏蔽幅度较小的噪声信号。门槛值的合理设定能够很好地屏蔽环境噪声，提高信噪比。

（2）声发射撞击(事件)计数

声发射撞击计数是指超过门槛值的任一声发射信号累计计数，通常以单位时间计数率或总计数表示。每一个瞬态弹性波的释放引起一个声发射事件，该信号可能被一个或几个声发射传感器接收并形成一个或几个撞击。因此，一个声发射事件对应一个或几个撞击所确定的一次能量的快速释放。声发射事件计数反映了声发射事件的总量和频度，可用于评价声发射源的活动性和定位集中程度。

11

（3）振铃计数

振铃计数是指在该次撞击中声发射信号幅度超过门槛的次数，通常以总计数和单位时间计数率来表示。振铃计数可用于声发射活动性评价，能粗略反映声发射信号的强度和频度，作为信号强弱的表征，通常与能量呈正相关关系。

（4）幅度

幅度是一个声发射撞击波形信号的最大振幅值，一般以 dB 为单位，通常 $1\mu V$ 对应 0dB。幅度和振铃计数都是衡量声发射信号强度的重要标志，可通过对幅度的分布进行统计分析。

（5）能量

该参数能够表征声发射信号能量值的大小，与应力波能级变化所释放的能量直接相关。与振铃计数相比，能量值更加准确地表示声发射信号的能级大小，能量值的定义为幅度和时间曲线在坐标轴所围成的面积。

（6）上升时间

上升时间为声发射波形信号第一次超过门槛至该波形到达最大幅度时所经历的时间，通常以 μs 为单位，也可以利用上升时间与幅度之间的关系进行统计分析。

（7）持续时间

持续时间是指声发射波形信号第一次超过门槛至该波形降低到门槛时所经历的时间，通常以 μs 为单位。持续时间与振铃相关，可用于特殊波源类型和噪声的识别。

（8）RA 值

RA 值表示声发射信号的上升时间除以最大幅度，该参数可用于分析材料内部在荷载作用下的损伤产生形式和破坏特性。

2.2.3　声发射信号的波形特征

声发射信号的波形表现为传感器输出电压随时间变化的曲线，基于声发射信号的时域波形，有助于获取声发射波形的物理本质，研究声波的传播及波形特征与声发射源的对应关系，典型的声发射信号波形特征如图 2-3 所示。

声发射信号的波形分析和信号处理可以从时域和频域两个方面进行，时域分析是描述声发射信号随时间的变化规律，频域分析是在傅里叶变换的基础上描述声发射信号的频率特征。声发射信号的小波变换同时具备时域和频域的分析能力，既可以获得某个时间段信号的频谱信息，也可以描述特定频谱对应的时域信息。

模态声发射也是一种基于波形分析的声发射信号处理方法，其本质是利用兰姆波理论研究板中声发射的波形特征。声发射源在板中激励的声波模式主要包括扩展波、弯曲波和水平切变波，板平面内声源以扩展波为主，板平面外声源以弯

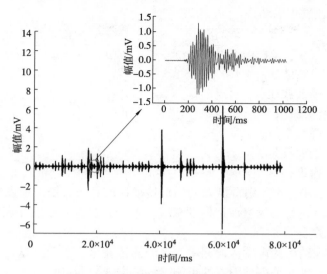

图 2-3 典型的声发射信号波形特征

曲波为主,且两种声源都可能产生水平切变波。基于上述特征,可有效区分声发射信号和噪声信号。

2.3 声发射信号的传播、衰减与源定位

2.3.1 声发射信号的传播与衰减

根据质点的振动方向和声波传播方向的不同,声波在介质中的传播可分为纵波、横波、表面波和兰姆波等不同传播模式。质点振动方向与纵波传播方向平行,纵波可以在固体、液体和气体介质中传播。横波也称剪切波,质点振动方向与波传播方向垂直,它只能在固体介质中传播。由于液体和气体中缺乏恢复横向运动的弹性力,则横波不能在液体和气体中传播。表面波沿深度为 1~2 个波长的固体近表面传播,质点的振动轨迹呈椭圆形,波的能量随传播深度增加而迅速减弱。表面波对应质点的椭圆运动可表示为纵向振动的纵波和横向振动的横波合成,则表面波也只能在固体介质中传播。兰姆波是纵波与横波组合的波,只能在固体薄板中传播,质点作椭圆轨迹运动。根据质点的振动,可将兰姆波分为对称型(扩展波)和非对称型(弯曲波)两种。

固体介质中的局部能量释放同时产生体积变形和剪切变形,则声发射源处将同时激发纵波(压缩波)和横波(切变波)两种模式。当它们传播到界面时,会产生反射、折射和模式转换,各种类型的波以不同的波速、波程和时序到达声发射传感器。

声波的传播速度与介质的弹性模量、密度和波的传播模式有关,均匀介质中

13

的纵波与横波速度可表示为

$$V_l = \sqrt{\frac{E}{\rho} \frac{1-\mu}{(1+\mu)(1-2\mu)}} \; ; \; V_t = \sqrt{\frac{E}{\rho} \frac{1}{2(1+\mu)}} = \sqrt{\frac{G}{\rho}} \qquad (2-1)$$

式中　　V_l——纵波波速；

$\quad\quad V_t$——横波波速；

$\quad\quad \mu$——泊松比；

$\quad\quad E$——弹性模量；

$\quad\quad G$——切变模量；

$\quad\quad \rho$——密度。

在同种材料中，声发射源激发的纵波传播速度最快，横波速度约为纵波速度的60%，表面波速度约为横波速度的90%。此外，纵波、横波和表面波的速度与声波的频率无关。

在实际工程结构的声发射检测中，声波的传播速度还受到材料类型、各向异性、结构形状与尺寸等多种因素的影响。纤维增强复合材料是典型的各向异性材料，声波在复合材料不同方向的传播速度不同，给复合材料中声发射源的时差定位带来难度。

随着声波传播距离的增加，波幅减小的现象称为声波的衰减。引起声波衰减的原因有很多，其主要的因素包括波的几何衰减、频散衰减、散射和衍射衰减等。声波的几何衰减与传播介质无关，它将从波源部位向所有方向传播。因此，声波在棒、杆等一维介质中的几何衰减小于在二维和三维介质中的情形。板波的速度与频率有关的现象称为频散。一般情况下，声发射信号中包含多种频率的分量，传播速度与频率有关的板波将以不同的速度传播，且随着距离的增加，波包幅度的下降引起频散衰减。散射和衍射衰减是指声波在复杂边界或孔洞、裂纹、夹杂物等不连续处传播时导致波幅下降的现象，例如，不均匀声阻抗界面上波的不规则反射称为散射，会引起波的原有传播方向上能量的降低。

在实际结构的声发射检测中，声波的衰减机制较为复杂，一般很难用理论计算，只能通过试验方法测量。随着声波频率的增加，内摩擦增加，声波的衰减也更快。因此，声波的衰减直接决定了声发射传感器可监视的距离范围。为尽可能减少现场检测中衰减的影响，可通过降低传感器频率或减小传感器间距来实现。例如，复合材料的局部检测可选择150kHz的谐振式传感器，大面积的监测应选择30kHz的低频传感器。

此外，声波在小试件中传播的距离短、衰减小，任一声发射脉冲信号在侧面和两端面多次反射后，叠加在一起形成持续时间很长的多次反射波，进而激励小试件的固有振动模式，导致其在共振频率附近的振动增强。

2.3.2　Kaiser 效应和 Felicity 效应

对材料重复加载时，重复载荷到达原先所加最大载荷以前不产生明显声发射

14

信号的现象称为 Kaiser 效应。若重复加载前产生新裂纹等损伤后，则 Kaiser 效应不成立。

对材料重复加载时，重复载荷到达原先所加最大载荷前产生明显声发射信号的现象，称为 Felicity 效应。重复加载时声发射信号产生的起始载荷（P_{AE}）对原先所加最大载荷（P_{max}）之比（P_{AE}/P_{max}），称为 Felicity 比。基于这一现象，可较好地反映纤维增强复合材料结构原有的损伤累积程度。Felicity 比越小，复合材料结构的原有损伤越严重，一般可将 Felicity 比小于 0.95 作为复合材料结构声发射源超标的重要判据。

2.3.3 声发射信号的源定位

声发射源的定位需要由多个声发射传感器来实现，一般是将几个传感器按一定的几何关系放置在固定点上，组成传感器阵列。声发射源的每一个瞬态弹性波的释放引起一个声发射事件，该声发射信号被多个传感器接收，再根据各传感器检测到的声发射信号特征等信息，确定声发射源位置的技术称为声发射信号的源定位。

突发型声发射信号和连续型声发射信号需要采用不同的源定位方法，纤维增强复合材料内部损伤破坏产生的声发射信号以突发型信号为主，该类声发射信号的源定位主要包括时差定位和区域定位两种形式。时差定位是基于声发射信号到达各传感器的时间差、声速和传感器间距等参数的测量及算法，来确定声发射源的位置。该定位形式较为精确，广泛用于各类结构的声发射检测；但时差定位忽略了低幅度声发射信号，其定位精度受声速、衰减、结构形状等因素的影响。此外，纤维增强复合材料的各向异性导致声波在复合材料不同方向的传播速度不同，则不能使用时差定位方法。区域定位是一种处理速度快、简便而又粗略的定位方式，主要用于复合材料结构等由于声发射频度过高、各方向声波传播速度差异大、传播衰减过大、检测通道数有限而难以采用时差定位的场合。

（1）区域定位

结合声波的衰减特性，每个声发射传感器主要接收其周边区域发生的声发射信号。区域定位分为独立通道监视和信号到达次序两种，可按声发射传感器监视各区域或声波信号到达各声发射传感器的次序的方式，粗略确定声发射源的位置，该定位形式可用于纤维增强复合材料结构的声发射源定位。基于声发射传感器阵列，记录声发射信号到达每个传感器的顺序，并根据首次到达的声发射撞击信号确定声发射源的主区域，再结合第二次或第三次到达的声发射撞击信号进一步确定主区域中的第二或第三分区。

（2）时差定位

突发型声发射信号的时差定位分为一维线定位、二维面定位和三维空间定位。一维线定位至少需要两个传感器和单时差，是最简单的时差定位方式。

二维面定位包括平面定位、柱面定位和球面定位，二维面定位至少需要三个传感器和两组时差，一般采用四个传感器组成的方形或菱形阵列和三组时差来进行。柱面定位时，需将传感器均匀布置在几个圆周上；球面定位时，需将传感器均匀布置在几条纬线上。

三维立体定位至少需要四个传感器，若声波在三维空间的传播速度已知，再结合空间的几何关系和声源到各传感器的时差，则可获得声发射源的空间位置。根据三维物体的实际尺寸，可以增加传感器的数量，减小传感器的定位距离，进而提高声发射源的定位精度。

2.4 声发射信号的频谱分析

频谱是时域信号在频域的表征方式，经过傅里叶变换的声发射信号可以转换为频率的函数。声发射信号的频谱分析是指单个信号在不同频率下的参数特征的表征分析，获得信号的谱特征。通过对声发射信号的相位谱、幅度谱、能量谱等测量，可以分析信号本身频率特征，进而了解不同频率处信号的相位、幅度和能量等参数信息。谱分析可分为经典谱分析和现代谱分析两大类。经典谱分析以傅里叶变换为基础，主要包括相关图法和周期图法。现代谱分析方法以非傅里叶分析为基础，主要包括参数模型法和非参数模型法两大类。

频域的谱分析技术被广泛应用于声发射信号的研究，并作为重要的辅助分析手段。例如，在声发射信号的小波分析之前，可以用谱分析的方法进行预处理。利用快速傅里叶变换能够迅速将声发射时域信号变换为它所对应的谱，获取声发射信号的频域特征。

2.5 声发射信号的小波分析

纤维增强复合材料损伤破坏对应的声发射信号由多种频率和模式叠加而成，声发射信号的小波分析以其自适应地对声信号多分辨率分解的优势，使动态声发射信号能够在不同空间内合理分离，从而可在时域和频域同时表征信号特征，为纤维增强复合材料声发射信号源特征分析及识别提供了处理手段。

小波变换是一种时间-尺度分析方法，能够同时在时域和频域描述声发射信号的局部特征，而傅里叶分析只能在单个域中表征信号。小波变换可以看作是将声发射信号经低通滤波器和高通滤波器分解为低频逼近部分和高频细节部分。对于一个声发射信号 $f(n)$，经尺度为 J 的小波分解为 1 个低频部分和 J 个高频部分，其表达式为：

$$f(n) = A_J f(n) + D_J f(n) \quad j = 1, \ 2, \ \cdots J \tag{2-2}$$

式中 $A_J f(n)$——第 J 层小波分解的低频部分；

$D_J f(n)$——第 j 层小波分解的高频部分。

不同的声发射源所产生的瞬态应力波不同，声发射信号各频段所对应的能量分量也不同，因此可以通过能量分布的差异判断和识别所包含的声发射信号的信息，第 J 层小波分解中低频信号分量的能量表达式为：

$$E_J^A f(n) = \sum_{n=1}^{N} \left[A_J f(n) \right]^2 \tag{2-3}$$

第 j 层小波分解中高频信号分量的能量表达式为：

$$E_J^D f(n) = \sum_{n=1}^{N} \left[D_J f(n) \right]^2 \quad j = 1, 2, \cdots J \tag{2-4}$$

声发射信号的总能量定义为：

$$Ef(n) = E_J^A f(n) + \sum_{j=1}^{J} E_J^D f(n) \tag{2-5}$$

为表征声发射信号在小波分析各个频段的能量分布，将小波分解的分量能量与总能量之比定义为能谱系数，则第 J 层小波分解的低频信号分量的小波能量系数为：

$$\eta E_J^A = \frac{E_J^A f(n)}{Ef(n)} \quad j = 1, 2, \cdots J \tag{2-6}$$

第 j 层小波分解的高频信号分量的小波能谱系数为：

$$\eta E_j^D = \frac{E_J^D f(n)}{Ef(n)} \quad j = 1, 2, \cdots J \tag{2-7}$$

2.6   声发射信号的聚类分析

聚类分析作为声发射信号处理的手段，是将具有相似性的信号进行分类的过程。聚类算法有很多种，其中基于划分的聚类算法是将数据对象划分到几大组中，一组即表示一个类别。该类算法的每类至少包含一个对象，每个对象只属于一类。

基于划分的聚类算法可细分为硬划分算法与模糊划分算法，常见的硬划分算法有 k-means 聚类算法等，模糊算法主要有 FCM（Fuzzy C-Means）算法等。

2.6.1 k-means 聚类算法

k-means 聚类算法广泛用于信号的聚类分析，是将 m 维空间中的 n 个数据点 $(x_1, x_2, \cdots x_n)$ 分成 k 个类别 $(c_1, c_2, \cdots c_k)$，同一类别中的对象具有较高的相似度，不同类别之间相似度较低。

声发射信号的 k-means 聚类算法步骤如下：

（1）随机选择初始聚类中心 μ_i，计算声发射信号输入数据点 x_j 与聚类中心的欧式距离，并把这些数据点分配到离它们最近的聚类中心。

（2）重新计算聚类中心的位置，使目标函数 J 最小化。

$$J = \sum_{i=1}^{k} \sum_{x_j \in c_i} \| x_j - \mu_i \| \qquad (2-8)$$

（3）重复上述操作步骤，直至聚类中心的位置不再改变。

2.6.2 FCM 聚类算法

FCM 算法是基于 k-means 算法发展而来的，其聚类算法与 k-means 算法相似。

$$J = \sum_{i=1}^{k} \sum_{x_j \in c_i} U^{\delta} \| x_j - \mu_i \| \qquad (2-9)$$

式中 δ——模糊化系数；

   U——数据点的隶属度，且 $U \in [0, 1]$。

FCM 聚类算法需要确定聚类数目 k 与模糊化系数 δ 两个重要参数，可以通过聚类有效性评价确定最优聚类数目 k。模糊化系数是控制 FCM 算法柔性的一个参数，若取值太大，聚类效果欠佳；若取值太小，则与 k-means 算法结果类似。

2.6.3 聚类有效性判据

由于声发射信号聚类的数目 k 值是预先不确定的，聚类算法必须针对不同的 k 值进行计算，最优聚类数必须通过有效性评价来确定。因此，需要引入 Davies-Bouldin（DB）指数和 Silhouette（Sil）系数作为聚类质量的评价指标。

DB 指数是基于类内距离与类间距离之比，可表示为：

$$DB = \frac{1}{k} \sum_{i=1}^{k} \max\{D_{i,j}\}, \quad D_{i,j} = \frac{\bar{d_i} + \bar{d_j}}{d(c_i, c_j)} \qquad (2-10)$$

式中 $D_{i,j}$——第 i 个与第 j 个类别的距离之比；

   $\bar{d_i}$——第 i 类中每个数据点与其聚类中心的平均距离；

   $\bar{d_j}$——第 i 类中每个数据点与第 j 类聚类中心的平均距离；

   $d(c_i, c_j)$——第 i 类聚类中心与第 j 类聚类中心之间的欧式距离。

一般情况下，DB 指数越小，则聚类效果越好。

Sil 系数将类内聚集度与类间分离度结合起来，评估同类数据的紧凑性和不同类之间的相互分离程度。Sil 系数可表示为：

$$Sil = \frac{1}{k} \sum_{i=1}^{k} \frac{b(x) - a(x)}{\max\{a(x), b(x)\}} \qquad (2-11)$$

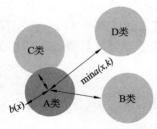

$a(x)$ 是数据点 x 与同一类中的其他数据向量之间的平均距离，它可表示同一类中数据对象之间的接近程度；$b(x)$ 为数据点 x 与其他类中的数据向量之间的平均距离。目的是找到各类之间的最短距离。Sil 值介于 -1 和 1 之间，数值越大，则表明同类之间的数据点越紧凑；不同类之间能够越好地分开，则表明聚类效果越好，Sil 系数计算原理如图 2-4 所示。

图 2-4 *Sil* 系数计算原理图

2.7　声发射信号的统计分析

纤维增强复合材料在损伤过程中释放瞬态应变能，这些能量将以弹性波的形式传播。为了进一步描述和评估纤维增强复合材料在力学加载条件下的动态响应行为以及不可视的损伤特性，通过定义一个多元随机变量 D^A 建立随机生成微损伤事件的频谱。

$$D^A = [\alpha_{ij}]_{M \times N} \qquad (2-12)$$

在纤维增强复合材料损伤描述中，M 为根据不同应力水平划分的区间数，N 表示按声发射幅度升序划分的区间数。α_{ij} 代表 0 至 i 区间第 j 个子区间微损伤事件数目，定义为：

$$\alpha_{ij} = \sum_{m=1}^{i} x_{ij}, \qquad i = 1, 2, 3, \cdots M, \quad j = 1, 2, 3, \cdots N \qquad (2-13)$$

式中，x_{ij} 为区间 $(i-1, i)$ 中第 j 个区间微损伤事件数。

此外，α_{ij} 的吉布斯概率为：

$$p_{ij} = \alpha_{ij}/L_{ij} \qquad (2-14)$$

式中，L_{ij} 为：

$$L_{ij} = \sum_{j=1}^{N} \alpha_{ij} \qquad (2-15)$$

用 P_{ij} 来代替式(2-12)中的 α_{ij}，则可以得到随机生成微观事件的概率空间 $\bar{D}^A$，定义如下：

$$\bar{D}^A = [P_{ij}]_{M \times N} \qquad (2-16)$$

式中，P_{ij} 代表在某个应力水平下，声发射信号的幅度落入第 j 个子区间的概率，随机生成微观事件的概率分布 $\bar{D}^A$，D^A 是归一化后的幅度谱。

概率熵 S 根据吉布斯公式定义为：

$$S = \int_0^1 \rho(x) \ln[1/\rho(x)] \mathrm{d}x \qquad (2-17)$$

其中，$\rho(x)$ 是吉布斯概率密度函数，此时将声发射信号幅度按升序分为 N 个子区间 $(0, 1/N]$，$[1/N, 2/N]$，$\cdots$，$((N-1)/N, 1.0]$。

则第 j 列子区间范围内的概率分布函数为：

$$P_{ij}(x) = \int_{(1/N)(j-1)}^{(1/N)j} \rho(x) \mathrm{d}x \qquad (2-18)$$

其中，概率密度分布函数为：

$$\rho_{ij}(x) = 1/(1/N) \int_{(1/N)(j-1)}^{(1/N)j} \rho(x) \mathrm{d}x = N p_{ij}(x) \qquad (2-19)$$

19

则概率熵的计算公式为：

$$S \approx \sum_{j=1}^{N} (1/N)\rho_{ij}(x)\ln(1/\rho_{ij}) = \sum_{j=1}^{N} \rho_{ij}(x)\ln[1/(N\rho_{ij}(x))] \qquad (2\text{-}20)$$

当随机生成的微损伤事件落到相同的子区间时，熵值达到最小值 $\ln(1/N)$；当所有随机生成微损伤事件均匀地分布在每个子区间时，熵值为 0。此外，熵值增加，代表损伤状态的不确定性增加，随机损伤事件可能性的结果增多。熵值减小，随机损伤状态的不确定性减小，事件朝着确定性方向发展。

声发射信号的统计分析方法的流程如图 2-5 所示，其具体操作步骤如下：

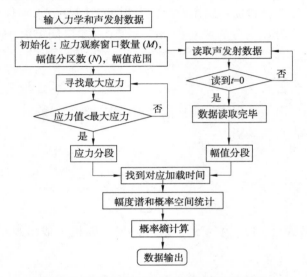

图 2-5　声发射信号的统计分析方法流程图

步骤 1：输入力学数据，声发射数据，应力观察窗口数量 M 和幅度分区数 N。

步骤 2：从力学数据中查找最大应力值，将其分成 M 段，得到每段的边界值。

步骤 3：设定声发射信号幅度的最小值和最大值，将幅度区间分为 N 段。

步骤 4：利用加载时间将力学数据和声发射数据连接起来，对不同应力水平下不同幅度区间段内的声发射事件数量和概率进行统计。

步骤 5：计算不同应力水平下的概率熵。

第3章　玻璃纤维复合材料损伤声发射检测

3.1　复合材料声发射衰减与源定位分析

玻璃纤维增强复合材料比强度、比模量高,抗疲劳性能好,广泛用于制造风电叶片等复合材料结构。为实现风电叶片结构健康监测中典型声发射源的特征分析和精确定位,以风电叶片玻璃纤维增强单向复合材料和多层复合材料为研究对象,采用 $\phi0.5mm$ 铅芯为模拟声发射源,探讨声发射波在复合材料中的传播、衰减特性和定位精度,为风电叶片复合材料结构的现场健康监测提供参考依据。

3.1.1　试验过程

试验所用风电叶片单向复合材料由单向玻璃纤维环氧预浸料(G15000)在平板模具上铺设 60 层后,烘箱内加热加压固化获得,复合材料层板厚度为 6mm。在风电叶片上切割的多层复合材料试件平均厚度为 24mm。试验过程中,以 $\phi0.5mm$ 铅芯为模拟声发射源,利用 AMSY-5 全波形声发射仪实时监测并记录声发射信号。声发射监测采用 3~4 个谐振式传感器,内置前置放大器增益为 34dB,中心频率为 150kHz,采样频率为 10MHz,信号采集门槛设为 46dB。单向复合材料衰减与声速测量时,4 个传感器直线排列,纵向间距均为 60mm,横向间距均为 40mm,模拟声发射源距最近传感器的中心距离为 20mm。多层复合材料衰减与声速测量时,3 个传感器直线排列,间距为 60mm,模拟声发射源距最近传感器的中心距离为 20mm。定位测量时,4 个传感器矩形布置,单向复合材料间距为 100mm 和 80mm,多层复合材料间距为 95mm 和 55mm。

3.1.2　单向复合材料衰减与源定位

风电叶片单向复合材料声发射幅度衰减如图 3-1 所示。纵向和横向衰减均通过三次有效模拟声发射源依次到达 4 个传感器的幅度来获取。

三次模拟声发射信号的幅度衰减基本一致,能有效代表单向复合材料纵向和横向的声发射衰减特性;纵向衰减为 0.58~1.6dB/cm,横向衰减为 2.4~4dB/cm。可见,单向复合材料声发射横向衰减要明显高于纵向衰减,这一现象主要源于单向复合材料的结构特征。风电叶片单向复合材料纤维均纵向排列,声波在复合材料中的纵向传播主要沿纤维方向进行,衰减相对较小;而沿复合材料横

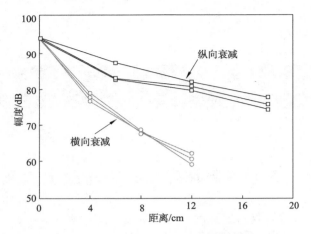

图 3-1 单向复合材料声发射幅度衰减

向，树脂和纤维交替出现，声波的传播遵循树脂–纤维–树脂的循环过程，出现多次树脂与纤维的界面反射，从而造成能量的散射和吸收，导致复合材料横向有较大的声发射幅度衰减。

断铅模拟声发射源到达各传感器的典型波形和频谱如图 3-2 所示，各传感器获取的波形和频率特性变化不大，未出现声发射波的频散效应。依据声发射波到达各传感器的时间差和传感器间距，可计算出声发射在单向复合材料中的传播速度。

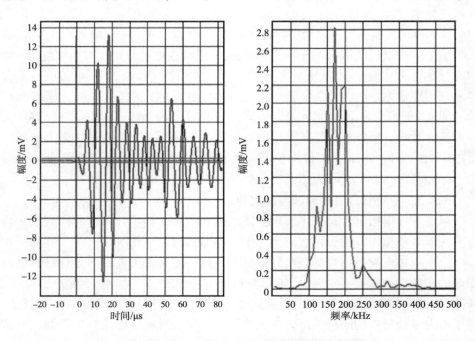

图 3-2 模拟声发射源到达各传感器的典型波形和频谱

22

通过计算可得，风电叶片单向复合材料纵向声速约为 4640m/s，横向声速约为 1835m/s。可见，声发射波在单向复合材料中的纵向传播速度明显高于横向传播速度。声波在材料中的传播速度主要与介质的弹性模量和密度有关，弹性模量与密度的比值越高，对应的波速也越高。玻璃纤维与树脂基体的密度相差不大，但玻璃纤维的弹性模量要明显高于树脂基体，这说明声发射波在玻璃纤维中的传播速度较大，声波在复合材料中的纵向传播就是沿纤维方向进行的。声发射波在树脂基体中的传播速度相对较小，且横向传播时，声波在树脂与纤维的界面出现多次反射而延长了声程，造成较低的横向传播声速。在风电叶片声发射源定位中予以充分考虑单向复合材料纵向和横向声速的差异。

在风电叶片结构健康现场监测中，传感器一般布置在叶片表面。为获取声发射源的位置，应采用声发射传感器阵列来实现二维平面定位。在已知声波在风电叶片复合材料中的速度 v 的情况下，可依据声发射信号到达各传感器的时间差，计算出声发射源的精确位置。试验采用 4 个传感器，取声速为 3300m/s，结合 AMSY-5 系统得到风电叶片单向复合材料声发射源定位试验结果，如图 3-3 所示。

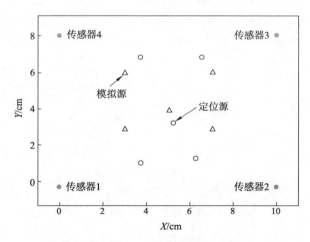

图 3-3　单向复合材料声发射源定位

声发射定位源基本上能反映出模拟声发射源的位置，但也存在着一定的误差。这是由于单向复合材料纵向和横向声速差别较大，采用单一声速的时差定位方法不能有效获取精确的定位源。在风电叶片现场检测中，可根据风电叶片复合材料结构的特点，采用时差定位和区域定位综合分析，来进行声发射源的定位。

3.1.3　多层复合材料衰减与源定位

通过模拟声发射源依次到达 3 个传感器的幅度，得到多层复合材料声发射幅度衰减如图 3-4 所示。试验结果表明，声发射信号幅度衰减为 1~1.16dB/cm，依据声发射波到达各传感器的时间差和传感器间距，计算出风电叶片多层复合材料声速约为 4273m/s，与单向复合材料纵向特性相差不大。

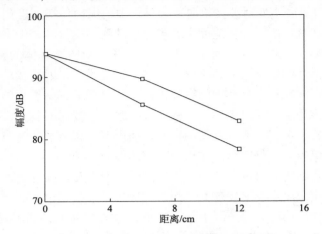

图 3-4　多层复合材料声发射幅度衰减

依据 4 个传感器形成矩形阵列，结合 AMSY-5 系统基于小波的定位方法，得到风电叶片多层复合材料声发射源定位试验结果，如图 3-5 所示。

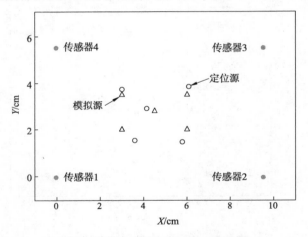

图 3-5　多层复合材料声发射源定位

声发射定位源能较好地吻合模拟声发射源的位置，越接近中间区域，定位更为准确，其定位精度高于单向复合材料声发射源定位。为实现风电叶片裂纹等典型声发射源的精确定位，应充分考虑复合材料的结构特性，并通过现场模拟试验来验证。

3.2　单向复合材料拉伸损伤声发射特性

通过对含纤维预断缺陷的风电叶片复合材料拉伸破坏实验，采用声发射技术全程监测复合材料加载破坏过程，获取复合材料试件的力学性能及其对应的声发射响应特征，揭示风电叶片复合材料损伤破坏的变化规律，为风电叶片复合材料结构的健康监测和标准认证体系的建立提供参考依据。

3.2.1　试验材料及方法

将单向玻璃纤维环氧预浸料（G20000，单层厚度 0.17mm）铺设在平板模具上，然后在烘箱内加热、加压固化，获得复合材料层板。为实现纤维断裂缺陷，在预浸料铺设时，预先按要求将相应层切断。风电叶片单向复合材料铺设 8 层和12 层（中间 4 层纤维预断），层板厚度分别（1.4±0.2）mm 和（2.1±0.2）mm。最后通过机械加工形成复合材料条形拉伸试件，每类有效试件不少于 12 个，试件尺寸为 250mm×25mm。为避免试验机夹具损坏试件和试验机噪声影响，在试件夹持部位两侧粘上铝加强片。

复合材料试件的单向拉伸和加卸载拉伸破坏在 CMT5305 型万能拉压试验机上完成。单向拉伸采用位移控制，加载速率设为 2mm/min。加卸载拉伸采用程序控制，加卸载程序为 0→8→3→12→4→16→6→20→8→24→8→28→10→34kN，加卸载速率设为 500N/s，每次卸载到最低点力保载 5s。试件加载过程中，同时利用 AMSY-5 全波形声发射仪实时监测并记录整个加载过程中的声发射信号。声发射监测采用 2 个 VS150-RIC 型传感器（频率范围 100~450kHz，内置前置放大器增益 34dB，中心频率 150kHz），采样频率为 5MHz。传感器与试件之间用凡士林耦合，然后用胶带固定在试件上，2 个传感器间距为 80mm。声发射监测过程中，通过试验尝试，信号采集门槛设为 46dB。

3.2.2　复合材料单向拉伸力学性能

复合材料试件单向拉伸应力-应变曲线如图 3-6 所示。加载的初始阶段，含纤维预断单向复合材料弹性模量与无缺陷试件基本重合。

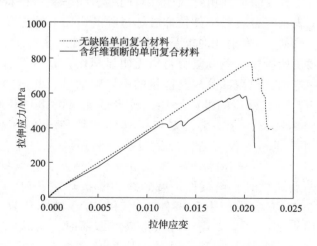

图 3-6　复合材料试件拉伸应力-应变曲线

当试件加载到约60%破坏载荷时,纤维预断处的树脂基体出现明显损伤,并迅速扩展,从而导致试件刚度的急剧缩减。此时,载荷瞬间转移到临近区域,使其处于高应力状态,随着损伤累积到一定程度后导致试件的最终破坏。由于纤维预断缺陷的存在,使复合材料的破坏强度明显下降。无缺陷试件拉伸强度均值和标准偏差为791MPa和16.3MPa,含纤维预断试件对应强度均值和标准偏差分别为607MPa和18.8MPa。

图3-7为复合材料单向拉伸试件典型的破坏特征。从图3-7(a)可以看出,单向复合材料的纤维承担主要载荷,基体开裂和纤维/基体界面的损伤演化导致复合材料失去复合效应。在试件整个破坏过程中,也伴随着少量纤维的断裂。由于纤维预先断裂缺陷的存在,该区域的树脂基体开裂后,载荷瞬间转移到临近区域。在高应力状态下,含缺陷层和相邻的层出现明显的层间剪切破坏并滑移,从而出现图3-7(b)所示的纤维预断处两侧被拉开的现象。

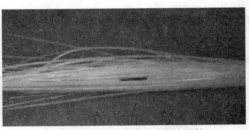

<table>
<tr><td>(a) 无缺陷单向复合材料</td><td>(b) 含纤维预断的单向复合材料</td></tr>
</table>

图3-7　复合材料试件拉伸破坏特征

3.2.3　单向拉伸声发射响应行为

声发射能量计数反映事件相对强度,对门槛、频率和传播特性不敏感,可取代振铃计数来表示复合材料试件拉伸破坏过程的声发射响应特性。典型的复合材料单向拉伸载荷-声发射相对能量-时间历程如图3-8所示。从图3-8(a)可以看出,加载初始阶段,单向复合材料无明显损伤,其声发射相对能量非常低;随着载荷的增加,出现部分较高能量的声发射信号,此时预示着复合材料已出现明显损伤;随着载荷的继续增加,较多低能量的事件相继发生,结合复合材料损伤破坏特征,这些事件对应于基体开裂和纤维/基体界面的损伤演化;当损伤累积到一定程度后,导致复合材料最终失去复合效应而破坏,此时对应着较高的声发射相对能量。如图3-8(b)所示,与无缺陷试件相比,存在纤维预先断裂缺陷时,当试件加载到约30%破坏载荷时,开始出现较多的相对能量为5000左右的声发射事件,此时对应着缺陷位置及相邻区域的基体开裂和界面损伤;直至加载到约60%破坏载荷时,含缺陷层和相邻的层出现明显的层间剪切破坏并滑移,试件的刚度急剧缩减,此时对应着载荷-时间历程的载荷卸载点。加载的最后阶段,含纤维预断缺陷单向复合材料的损伤演化比无缺陷试件更为明显，更多高能量的声发射事件相继发生，直至最终破坏。

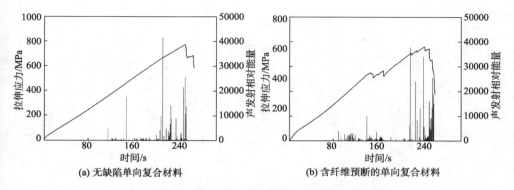

(a) 无缺陷单向复合材料　　　　　(b) 含纤维预断的单向复合材料

图3-8　试件拉伸载荷-声发射相对能量-时间历程

典型的复合材料单向拉伸声发射撞击累积-时间历程如图3-9所示。

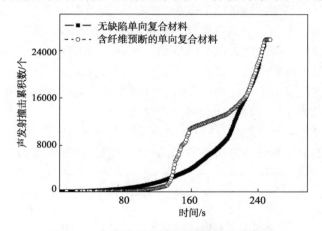

图3-9　典型的声发射撞击累积-时间历程

无缺陷单向复合材料加载初期，声发射撞击数变化缓慢；随着损伤的累积，声发射撞击数累积明显加快，大致呈指数增长趋势。与无缺陷试件相比，含纤维预断单向复合材料加载初期、最后阶段的声发射撞击累积及撞击累积总数基本一致，只是在加载的中间阶段的声发射撞击累积明显高于无缺陷试件。结合图3-8(b)，该现象是缺陷位置及相邻区域的基体开裂、界面损伤及含缺陷层和相邻的层出现明显的层间剪切破坏所致。

典型的复合材料单向拉伸声发射源定位如图3-10所示。从图3-10(a)可以看出，无缺陷单向复合材料声发射源定位分布在试件的整个区域，与图3-7(a)中基体和界面损伤演化的特征相对应。与无缺陷试件相比，含纤维预断单向复合材料缺陷位置及相邻区域的基体开裂和界面损伤是导致图3-10 (b)试件中间区

27

域的声发射源定位数增多的原因。

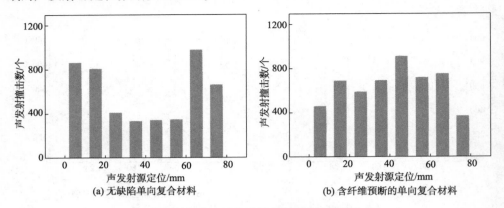

(a) 无缺陷单向复合材料   (b) 含纤维预断的单向复合材料

图 3-10　典型的复合材料试件的声发射源定位

3.2.4　加卸载条件声发射行为和 Felicity 效应

典型的复合材料加卸载条件下载荷-幅度-时间历程如图 3-11 所示。从图 3-11（a）可以看出，无缺陷单向复合材料加载初期，无明显损伤产生，各卸载阶段未出现明显声发射信号；随着载荷的增加，卸载阶段出现少量的声发射信号，这表明复合材料的内部损伤已经很明显；到加载的最后阶段，卸载过程也产生较多的声发射信号，此时损伤已经相当严重，直至复合材料的破坏。与无缺陷试件相比，含纤维预断单向复合材料加载到约 60% 破坏载荷，卸载阶段和重复加载时产生的声发射信号更明显，如图 3-11（b）所示。这是由于缺陷位置及相邻区域的基体开裂、界面损伤及含缺陷层和相邻的层出现明显的层间剪切破坏所致。

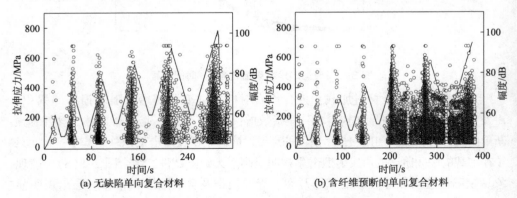

(a) 无缺陷单向复合材料   (b) 含纤维预断的单向复合材料

图 3-11　典型的复合材料加卸载条件下载荷-幅度-时间历程

根据卸载后重新加载过程中产生明显声发射信号所对应的载荷，得到复合材料 Felicity 比与相对应力水平的关系，如图 3-12 所示。

试件加载初期，复合材料损伤程度较轻，在相对应力水平低于 60% 范围内，Felicity 比呈缓慢下降趋势。对单向复合材料而言，当相对应力水平高于 60% 时，

28

Felicity 比下降明显，尤其是含纤维预断缺陷复合材料，突然下降到 0.4 以下，这说明复合材料的损伤程度已经很严重，损伤可以在较低应力水平下演化。

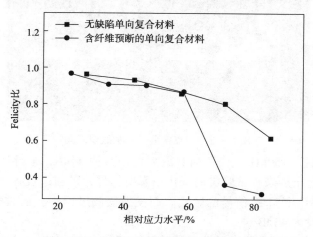

图 3-12　Felicity 比与相对应力水平的关系

3.3　单向复合材料弯曲损伤声发射特性

通过对含有纤维预先断裂缺陷的风电叶片复合材料三点弯曲试验，采用声发射技术全程监测复合材料加载破坏过程，确定复合材料试件弯曲载荷作用下的力学性能及其相应的声发射特征，揭示含纤维断裂缺陷风电叶片复合材料损伤破坏的变化规律，为风电叶片复合材料结构的健康监测提供依据。

3.3.1　试验材料及方法

试验所用风电叶片单向玻璃纤维环氧预浸料牌号为 G15000，单层厚度为 0.12mm，平板模具上铺设 60 层后，在烘箱内加热加压固化。为实现层板表面 20 层纤维断裂和中间 20 层纤维断裂缺陷，在预浸料铺设时，预先按要求将相应的 20 层切断。预浸料固化温度为 80℃保温 30min，然后升到 130℃保温 60min，升温速度为（2~8）℃/min，然后自然冷却至室温。升温至 100℃时，开始加接触压力，到 130℃时逐步加全压至 0.15MPa。风电叶片复合材料层板尺寸为 280mm× 200mm，厚度约为 6mm。最后在制样机上切割成相应的三点弯曲力学试件（260mm×30mm）。

复合材料弯曲力学性能试件在 CMT5305 型万能拉压试验机上完成。试件加载过程中，同时利用 AMSY-5 全波形声发射仪实时监测并记录整个加载过程中的声发射信号。图 3-13 为三点弯曲试件加载现场图，在传感器和试件之间采用凡士林耦合，然后用胶带将两个声发射传感器固定在试件上，试件跨距为 200mm。

试验采用位移控制加载，试验机加载速率设为 10mm/min。试验所用声发射

图 3-13 三点弯曲试件加载现场图

传感器中心频率为 150kHz，内置前置放大器增益为 34dB，采样频率为 2.5MHz。加载过程中，会出现来自试验机的干扰声发射信号，可通过设置合适的信号采集门槛或滤波功能消除干扰信号的影响。声发射监测过程中，通过多次试验尝试，信号采集门槛设为 46dB。

3.3.2　复合材料弯曲力学性能及破坏特征

复合材料三点弯曲试件载荷-挠度曲线如图 3-14 所示。从图中可以看出，三种试件的载荷-挠度曲线近似为直线，表现出良好的线性特征。无缺陷试件弯曲强度为 880MPa，弯曲模量为 29.2GPa；表面 20 层纤维预断试件的弯曲强度为 245MPa；中间 20 层纤维预断试件的弯曲强度为 838MPa，弯曲模量为 24.3GPa。

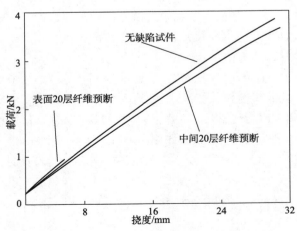

图 3-14　三点弯曲试件载荷-挠度曲线

试验结果表明：表面 20 层纤维断裂缺陷导致复合材料强度急剧下降，含中间 20 层纤维断裂缺陷试件与无缺陷试件相比，强度和刚度相差不大。弯曲试验时，试件处于拉伸和压缩两种载荷作用的状态，最大应力出现在复合材料的表面，从而导致表面 20 层纤维预断的部分提前破坏，使表面 20 层纤维预断试件表现出较低的

30

强度。对于中间 20 层纤维预断试件，缺陷部分处于较低的应力状态，复合材料强度和刚度的缩减不明显。这也表明复合材料表面的纤维断裂缺陷危害性很大。

复合材料无缺陷试件弯曲破坏特征如图 3-15 所示。

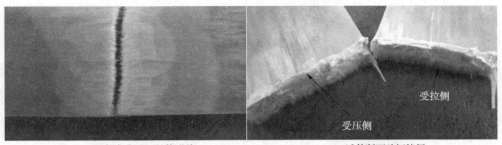

| (a) 试件弯曲破坏整体形貌 | (b) 试件断面破坏特征 |

图 3-15　无缺陷试件弯曲破坏特征

无缺陷试件弯曲破坏整体形貌如图 3-15(a) 所示。试件断口较为平齐，断口横截面一侧受拉，另一侧受压；受拉侧出现纤维拔出的现象，而受压侧则表现出明显的压溃，如图 3-15(b) 所示。这与三点弯曲试件承受拉压双重载荷的特点是一致的。从承受最大拉应力的表面看，断口两侧出现一定的白色区域为分层破坏，而承受最大压应力的表面上未出现类似的分层现象，这表明纤维复合材料拉应力破坏总伴随着纤维/基体界面分层。

复合材料纤维预断试件弯曲破坏特征如图 3-16 所示。由于纤维断裂缺陷的作用，复合材料的破坏形式发生变化。表面 20 层纤维预断试件破坏情况如图 3-16(a) 所示，在较高的拉应力作用下，预断处具有较低强度的树脂基体很快被拉断，从而导致这 20 层与其他的 40 层严重分层而过早失效。虽然另外的 40 层未出现明显损伤，但对整体复合材料而言，已失去整体的结构完整性和安全性。

(a) 表面20层纤维预断试件

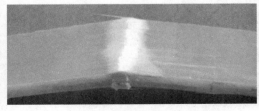

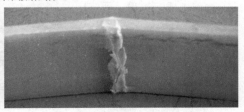

| (b) 中间20层纤维预断试件破坏整体形貌 | (c) 中间20层纤维预断试件受压侧特征 |

图 3-16　纤维预断试件弯曲破坏特征

中间 20 层纤维预断试件破坏的整体形貌如图 3-16(b)所示，与无缺陷试件破坏的情形相似。虽然中间 20 层纤维断裂，导致承受拉应力载荷的纤维减少，但这些预断的纤维都处于低应力状态下，对复合材料整体的力学性能影响较小，从而出现上述含中间 20 层纤维断裂缺陷试件与无缺陷试件相比，强度和刚度相差不大的情况。中间 20 层纤维预断试件受压侧特征如图 3-16(c)所示，从图中可以看出，受压侧出现严重压溃现象，同无缺陷试件一样，承受最大压应力的表面上未出现明显的分层现象。从上述破坏情况分析，进一步表明，复合材料表面的纤维断裂缺陷会导致复合材料局部过早的破坏，影响复合材料的整体机械性能，而复合材料中间部分的纤维断裂对复合材料的整体力学性能影响较小。

3.3.3 复合材料弯曲响应声发射特征

复合材料试件弯曲加载过程中声发射信号撞击累积-幅度-时间历程如图 3-17 所示，依据声发射撞击累积和幅度的变化情况，将整个过程划分为起始阶段、演化阶段和破坏阶段三个部分。从图 3-17 (a)可以看出，无缺陷试件加载初期，主要是树脂及其与纤维的界面损伤产生少量的低幅度声发射信号，幅度一般不超过 70dB，且声发射撞击数变化缓慢；随着应力的增大，基体树脂与纤维的界面逐渐损伤破坏，直到出现幅度大于 90dB 的声发射信号，这表明已经出现部分纤

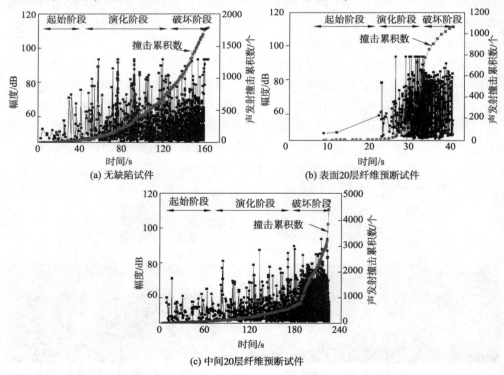

图 3-17　声发射信号撞击累积-幅度-时间历程图

维的断裂，使应力向邻近纤维传递，出现新的界面损伤和纤维断裂，该阶段声发射撞击数累积明显加快；随着损伤演化的累积，大量的损伤破坏导致声发射信号撞击数急剧增加，高低幅度的声发射信号均有出现，直至复合材料试件的最终破坏。这表明纤维复合材料弯曲损伤破坏总伴随着纤维/基体界面损伤、分层、纤维断裂及其相互影响，共同作用导致复合材料整体破坏的复杂过程。

表面 20 层纤维预断试件声发射信号撞击累积-幅度-时间历程图如图 3-17（b）所示。试件加载初期，只出现较少的低幅度声发射信号；随后声发射撞击数急剧增加，同时出现有幅度超过 90dB 的声发射信号，该演化阶段只持续 10s 左右，产生这一现象的原因可能是纤维预断处纤维互相搭接，导致纤维拔出和部分单个纤维断丝的情况，这与图 3-16（a）中纤维预断 20 层与其他的 40 层严重分层而过早失效有关。中间 20 层纤维预断试件声发射信号撞击累积-幅度-时间历程图如图 3-17（c）所示。与无缺陷试件相比，中间 20 层纤维预断试件高幅度的声发射信号较少，而低幅度的声发射信号明显增多。从图 3-16（b）中可以看出，中间 20 层纤维预断试件破坏处，纤维并未完全断为两部分，这表明其破坏的主要形式是以基体树脂与纤维的界面逐渐损伤累积为主。

结合这三类试件损伤破坏过程的几个阶段，发现由于纤维预断缺陷的存在，使复合材料演化阶段声发射撞击累积和幅度变化明显不同。表面 20 层纤维预断导致演化阶段的撞击数急剧增加，且持续时间较短；中间 20 层纤维预断将会使演化阶段撞击数变化缓慢，但低幅度的声发射信号明显增多。这对风电叶片结构健康监测和早期损伤预报具有参考价值。

复合材料试件声发射撞击信号定位如图 3-18 所示。

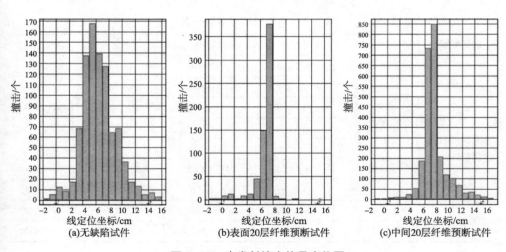

图 3-18 声发射撞击信号定位图

从图 3-18（a）可以看出，声发射定位信号不但出现在断裂处，而且在相邻的两侧也出现一定数量的声发射定位源,这与图 3-15(a)中断口两侧出现一定区域的分层破坏有关,纤维/基体界面分层会产生一定数量的声发射撞击信号。图 3-18(b)为表面 20 层纤维预断试件的声发射定位图,声发射定位源主要集中在挠度最大处的破坏点,破坏点左侧有一定数量的声发射源,而另一侧声发射定位源则很少。结合图 3-16(a)的试件破坏特征,预断的 20 层与其他的 40 层严重分层是产生这一现象的原因。图 3-18(c)为中间 20 层纤维预断试件的声发射定位图,与无缺陷试件一样,断口两侧出现一定区域的分层破坏产生一定数量的声发射定位源。无缺陷试件的定位源个数为 894,表面 20 层纤维预断试件的定位源个数为 615,中间 20 层纤维预断试件的定位源个数为 2470。由于中间 20 层纤维的预断,且长时间处于低应力状态,其纤维/基体界面及预断处的损伤累积作用时间长,图 3-16(c)中的压溃情况比图 3-15(b)中的压溃情况要严重,从而出现较多的声发射定位源。

复合材料试件声发射信号参数见表 3-1。较低的幅度对应较短的上升时间和持续时间、较少的计数个数、较低的能量;较高的幅度对应较长的上升时间和持续时间、较多的计数、较高的能量,且三种类型试件均出现高达 93.8dB 的声发射信号。对无缺陷试件而言,幅度为 93.8dB 的声发射信号,其上升时间出现极小值 0.2μs 和极大值 78362μs,持续时间最大值为 99999μs,计数个数最多为17956 个,能量最大值为 269000。对应幅度为 93.8dB 的声发射信号,表面 20 层纤维预断和中间 20 层纤维预断试件的上升时间、持续时间、计数个数和能量均低于无缺陷试件的对应值。由于纤维预断缺陷的存在,造成复合材料整体力学性能的下降,使损伤破坏过程中的声发射信号最大能量等参量值降低。

表 3-1　声发射信号参数列表

试件类别	幅度 /dB	上升时间 /μs	持续时间 /μs	计数 /个	能量 /eu
无缺陷试件	46~65	0.2~362	0.2~493	1~23	1.92~6
	66~84	15~2535	130~3000	18~269	6~880
	85~93.8	13~78362	580~99999	60~17956	1000~269000
表面 20 层纤维预断试件	46~65	0.2~55	0.2~200	1~29	2.18~53
	66~84	12~253	117~1362	11~119	53~826
	85~93.8	16.6~2627	475~25958	52~3917	856~166000
中间 20 层纤维预断试件	46~65	0.2~66	0.2~219	1~33	1.93~8.72
	66~84	14~1507	138~1715	17~170	8.55~1180
	85~93.8	9.2~2509	453~24294	64~3634	891~36000

3.3.4　结论分析

通过分析复合材料弯曲加载过程中声发射信号的幅度、能量、撞击、上升时间、持续时间、计数等参量，结合复合材料试件弯曲力学性能及损伤破坏特征，得到如下结论：

（1）纤维复合材料弯曲损伤破坏总伴随着纤维/基体界面损伤、分层、纤维断裂及其相互影响，共同作用导致复合材料整体破坏的复杂过程。复合材料表面的纤维断裂缺陷会导致复合材料局部过早的破坏，影响复合材料的弯曲性能，而复合材料中间部分的纤维断裂对复合材料的弯曲力学性能影响较小。纤维断裂缺陷使复合材料的破坏形式发生变化。

（2）由于纤维预断缺陷的存在，使复合材料演化阶段声发射撞击累积和幅度变化明显不同。复合材料表面的纤维断裂缺陷导致演化阶段的声发射撞击数急剧增加；复合材料中间部分的纤维断裂使演化阶段声发射撞击数变化缓慢，但低幅度的声发射信号明显增多。这对风电叶片结构健康监测和早期损伤预报具有参考价值。风电叶片复合材料损伤破坏与相应的声发射特征参量密切相关，风电叶片结构健康监测中可综合考虑能量、幅度、撞击及定位源等特征参量，并结合叶片结构的局部变化来预报早期损伤。

3.4　多轴向复合材料拉伸损伤声发射特性

通过对含纤维预断缺陷的多轴向风电叶片复合材料拉伸破坏实验，采用声发射技术全程监测复合材料加载破坏过程，获取复合材料试件的力学性能及其对应的声发射响应特征，揭示多轴向复合材料损伤破坏的变化规律。

3.4.1　试验材料及方法

试验所用多轴向玻璃纤维环氧预浸料（KT900）的单层厚度为 1mm，0°、+45°、-45°方向纤维质量比为 50%、25%、25%。先将预浸料铺设在平板模具上，然后在烘箱内加热、加压固化，获得复合材料层板。为实现纤维断裂缺陷，在预浸料铺设时，预先按要求将相应层切断。风电叶片多轴向复合材料铺设 2 层和 3 层（中间 1 层纤维预断），层板厚度分别 1.8 ± 0.2mm 和 2.7 ± 0.2mm。最后通过机械加工形成复合材料条形拉伸试件，每类有效试件不少于 12 个，试件尺寸为 250mm×25mm。为避免试验机夹具损坏试件和试验机噪声影响，在试件夹持部位两侧粘上铝加强片。

复合材料试件的单向拉伸和加卸载拉伸破坏在 CMT5305 型万能拉压试验机上进行。单向拉伸采用位移控制，加载速率设为 2mm/min。加卸载拉伸采用程序控制，复合材料试件加卸载程序为 0→6→2→8→3→10→4→12→5→14→6→16→6→20kN，加卸载速率设为 500 N/s，每次卸载到最低点力保载 5s。试件加载过程中，同时利用 AMSY-5 全波形声发射仪实时监测并记录整个加载过程中的声发射信号。声发射监测采用 2 个 VS150-RIC 型传感器（频率范围 100~450kHz，内置前置放大器增益 34dB，中心频率 150kHz），采样频率为 5MHz。传感器与试件之间用凡士林耦合，然后用胶带固定在试件上，2 个传感器间距为 80mm。声发射监测过程中，通过多次试验尝试，信号采集门槛设为 46dB。

3.4.2　复合材料单向拉伸力学性能

多轴向复合材料试件单向拉伸应力-应变曲线如图 3-19 所示。对多轴向复合材料而言，拉伸方向的纤维含量少，其拉伸强度和模量均明显低于单向复合材料。

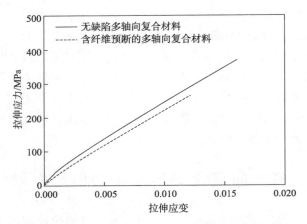

图 3-19　多轴向复合材料试件拉伸应力-应变曲线

多轴向复合材料无缺陷试件拉伸强度均值和标准偏差为 367MPa 和 15.6MPa，含纤维预断复合材料试件对应强度均值和标准偏差分别为 280MPa 和 9.2MPa。从多轴向复合材料拉伸应力-应变曲线来看，纤维预断缺陷的存在未导致试件刚度的明显下降，只在加载的最后阶段表现出较低的强度和失效应变。这是由于多轴向复合材料±45°方向纤维阻止纤维/基体界面裂纹的扩展，导致复合材料在纤维预断处迅速破坏，失效前无明显征兆。

图 3-20 为典型的多轴向复合材料试件拉伸破坏特征。由于±45°方向纤维的作用，多轴向复合材料的破坏特征与单向复合材料明显不同，且多轴向复合材料断裂前无明显征兆。随着拉伸载荷的增加，多轴向复合材料损伤随机出现在强度较弱的区域。当基体开裂和界面脱粘时，±45°方向纤维阻止裂纹的迅速扩展，高应力纤维的断裂导致临近的基体和界面进一步损伤演化。最终出现图 3-20（a）所示的在多轴向复合材料局部的薄弱区域内破坏，且断口极不平整，伴随着分层和脱粘。当存在纤维预断缺陷时，多轴向复合材料试件的初始破坏点出现在该缺陷区域，且拉伸载荷的转移更为集中，断口呈锯齿状，基体开裂、分层和脱粘损伤演化区域的范围更小，如图 3-20（b）所示。

3.4.3　单向拉伸声发射响应行为

典型的多轴向复合材料单向拉伸载荷-声发射相对能量-时间历程如图 3-21

(a) 无缺陷多轴向复合材料   (b) 含纤维预断的多轴向复合材料

图 3-20　多轴向复合材料试件拉伸破坏特征

所示。与单向复合材料相比，多轴向复合材料强度低，且加载过程中产生的声发射相对能量较低。从图 3-21(a)可以看出，加载初始阶段，无缺陷多轴向复合材料无明显损伤，其声发射相对能量非常低；随后多轴向复合材料损伤开始随机出现在强度较弱的区域并逐步演化；直至复合材料最终破坏，此时对应着较高的声发射相对能量。由于纤维预断缺陷的存在，该区域为多轴向复合材料的弱强度区域；当加载到约 60% 破坏载荷时，纤维预断处树脂基体出现明显损伤，出现相对能量为 3550 的声发射事件；该区域明显损伤后，拉伸载荷迅速转移到临近区域，在高应力状态下，伴随着纤维断裂、基体开裂、分层和脱粘，高低能量的声发射信号均有出现。结合含纤维预断缺陷多轴向复合材料的破坏特征，断口相对平齐、呈锯齿状，出现较多纤维束的断裂，从而导致图 3-21(b)中较高的声发射相对能量。

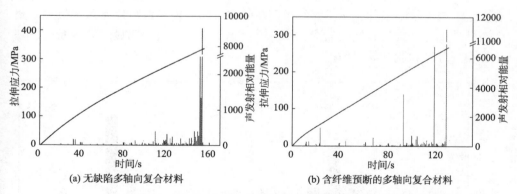

(a) 无缺陷多轴向复合材料   (b) 含纤维预断的多轴向复合材料

图 3-21　典型多轴向复合材料试件拉伸载荷-声发射相对能量-时间历程

　　典型的多轴向复合材料单向拉伸声发射撞击累积-时间历程如图 3-22 所示。对无缺陷多轴向复合材料而言，加载过程声发射撞击累积大致呈指数增长趋势，且在加载的最后阶段明显加快，这表明无缺陷多轴向复合材料的损伤破坏主要集中在加载过程的中后期。与无缺陷试件相比，含纤维预断的多轴向复合材料加载初期声发射撞击数累积较多，呈缓慢增长趋势，直至复合材料的最终破坏。产生该现象的原因可归结于纤维预断处及临近区域树脂基体和界面损伤累积。但在加载最后阶段，含纤维预断缺陷的多轴向复合材料出现较多的纤维束断裂，断口相对平齐，导致声发射撞击累积总数低于无缺陷试件。

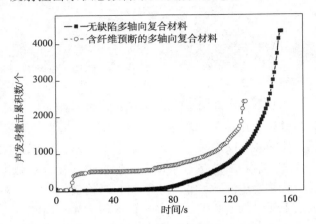

图 3-22　典型的声发射撞击累积-时间历程

　　典型的多轴向复合材料试件单向拉伸声发射源定位如图 3-23 所示。多轴向复合材料的破坏区域相对集中，从而造成声发射源定位信号也相对集中。如图 3-23(a) 所示，无缺陷多轴向复合材料声发射源定位结果与图 3-20(a) 中复合材料的破坏位置对应。此外，在整个试件的其他区域也出现少量的声发射定位信号，这主要受多轴向复合材料随机损伤特征的影响，损伤在复合材料整个区域皆有发生。与无缺陷试件相比，含纤维预断的多轴向复合材料声发射源定位主要集中在试件中部纤维预断处，如图 3-23(b) 所示，该区域对应明显的纤维断裂、基体开裂、分层和脱粘等损伤模式。

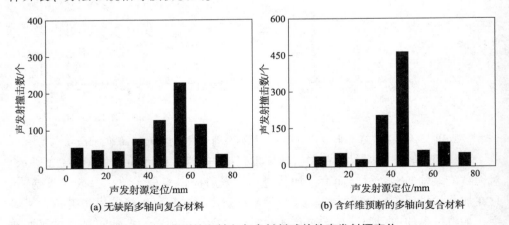

图 3-23　典型的多轴向复合材料试件的声发射源定位

38

3.4.4　加卸载条件声发射行为和 Felicity 效应

典型的多轴向复合材料加卸载拉伸条件下载荷-幅度-时间历程如图 3-24 所示。与单向复合材料相比，多轴向复合材料各卸载阶段均无明显声发射信号产生，这也表明多轴向复合材料失效之前无明显征兆。比较图 3-24（a）和图 3-24（b）发现，纤维预断缺陷对多轴向复合材料加卸载拉伸条件下声发射幅度-时间历程影响不大，只表现出较低的强度，在风电叶片复合材料结构无损评价和健康监测中应予以充分考虑。

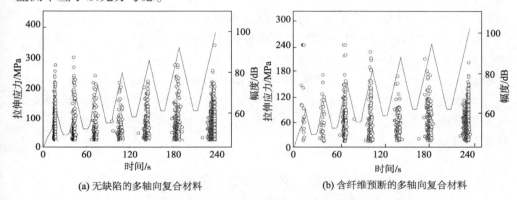

(a) 无缺陷的多轴向复合材料　　　　　　　　(b) 含纤维预断的多轴向复合材料

图 3-24　典型的多轴向复合材料加卸载条件下载荷-幅度-时间历程

根据卸载后重新加载过程中产生的明显声发射信号所对应的载荷，得到多轴向复合材料 Felicity 比与相对应力水平的关系，如图 3-25 所示。

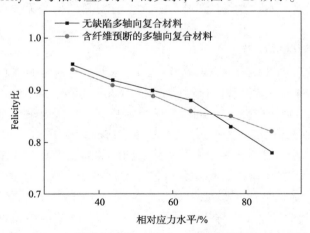

图 3-25　多轴向复合材料 Felicity 比与相对应力水平的关系

与单向复合材料相比，随相对应力水平的提高，多轴向复合材料的 Felicity 比下降较为平缓，这与多轴向复合材料的破坏形式有关。

3.4.5　结论分析

（1）风电叶片单向复合材料的失效模式以树脂基体和界面损伤演化为主；多

轴向复合材料±45°方向纤维阻止界面裂纹扩展，失效前无明显征兆。复合材料声发射源定位与其破坏特征密切相关。

（2）当存在纤维预断缺陷时，单向复合材料加载到约30%破坏载荷时，开始出现较多的相对能量为5000左右的声发射事件，此时对应着缺陷位置及相邻区域的基体开裂和界面损伤；加载到约60%破坏载荷时，含缺陷层和相邻的层出现明显的层间剪切破坏并滑移，试件的刚度急剧缩减，该阶段声发射撞击累积明显高于无缺陷试件。由于纤维预断缺陷的存在，该区域为多轴向复合材料的弱强度区域，当加载到约60%破坏载荷时，纤维预断处树脂基体出现明显损伤。

（3）与无缺陷试件相比，含纤维预断单向复合材料加载到约60%破坏载荷，卸载阶段和重复加载时产生的声发射信号更明显，且该应力水平下Felicity比下降明显。多轴向复合材料各卸载阶段均无明显声发射信号，随相对应力水平的提高，多轴向复合材料的Felicity比下降较为平缓。风电叶片复合材料结构健康监测中应充分考虑到复合材料的结构和失效特征，声发射相对能量、撞击累积数、源定位和Felicity比等特征。

3.5　含褶皱缺陷复合材料损伤声发射特性

基于声发射技术，研究具有不同宽高比波纹褶皱的玻璃纤维复合材料在压缩载荷作用下损伤演化及破坏过程。通过获取的声发射响应特征，分析波纹褶皱缺陷对玻璃纤维复合材料力学性能的影响，为复合材料结构的无损评价和早期损伤预报提供参考。

3.5.1　试验材料及方法

试验以单向玻璃纤维布（ECW 600-1270，600 g/m²）为增强材料，环氧树脂（Araldite LY 1564 SP）基体和固化剂（Aradur 3486）质量比为100：34。首先将10层单向纤维布（200mm×200mm）铺放到平板模具上，并按要求分别制作宽高比为5cm：0.5cm（试件A）、5cm：1cm（试件B）和3.5cm：0.7cm（试件C）的波纹褶皱缺陷，复合材料表面褶皱的跨度为宽，褶皱凸起的高度为高，如图3-26所示。

为了讨论不同宽高比褶皱对复合材料力学性能的影响，采取了控制变量法。在宽度为5cm的前提下，对褶皱高度为0.5cm与1cm的两组试件进行对比；在宽高比为5：1的前提下，对褶皱高度为0.7cm与1cm的两组试件进行对比。试验采用树脂回流真空循环灌注方法制备复合材料试板，经室温固化48h后，干燥箱内100℃后固化8h，冷却至室温，最后切割加工获得180mm×25mm的长条形复合材料试件。

各类玻璃纤维复合材料试件的压缩试验在CMT5305型万能拉压试验机上进行，加载速率设定为0.5mm/min。在试件加载过程中，使用DS2A型声发射仪获

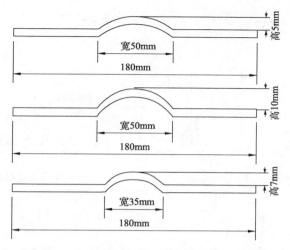

高5mm
宽50mm
180mm

高10mm
宽50mm
180mm

高7mm
宽35mm
180mm

图 3-26　复合材料试件波纹褶皱缺陷示意图

取试件损伤的声发射信号，所用 RS-2A 型声发射传感器(频率范围为 100～450kHz，中心频率为 150kHz)固定在复合材料试件背面波纹褶皱缺陷处，传感器与试件之间通过波导杆连接，传感器与波导杆用耦合剂使其充分贴合，波导杆与试件之间用 502 胶水固定。声发射信号的采集门槛设置为 10mV(40dB)，采样频率为 3MHz。

3.5.2　复合材料力学性能与声发射响应行为

复合材料试件压缩载荷-声发射能量-时间历程如图 3-27 所示，试件 A、试件 B 和试件 C 三类试件的失效载荷(试件发生失稳破坏时的最大载荷)分别为8.07kN、4.62kN 和 5.07kN。通过对比图 3-27(a)与图 3-27(b)，在波纹褶皱高度相同的情况下，不同宽高比的波纹褶皱对试件性能影响不同，且宽高比越小，对复合材料试件力学性能影响越大。通过对比图 3-27(b)与图 3-27(c)，当波纹褶皱的宽高比相同时，不同高的波纹褶皱对试件性能影响不同，且高度越大，对复合材料试件力学性能影响越大。

复合材料试件从加载开始直到失稳破坏，声发射能量总体表现为逐渐增加的趋势。加载前期，试件表面损伤不明显；随压缩载荷的增加，声发射能量增大，这可能与基体损伤累积有关。随着压缩载荷的不断增加，声发射能量也逐渐升高，复合材料试件损伤也不断增加，进而出现较多的高能量的声发射事件。当达到失效载荷时，复合材料试件失稳破坏，玻璃纤维复合材料试件的声发射能量达到峰值。

玻璃纤维复合材料试件压缩加载过程中声发射信号的幅度和撞击累积随时间变化如图 3-28 所示。复合材料试件的压缩损伤破坏可以分为损伤累积和破坏两个阶段。在加载前期，产生的声发射信号较少；当加载稳定后，出现部分高于

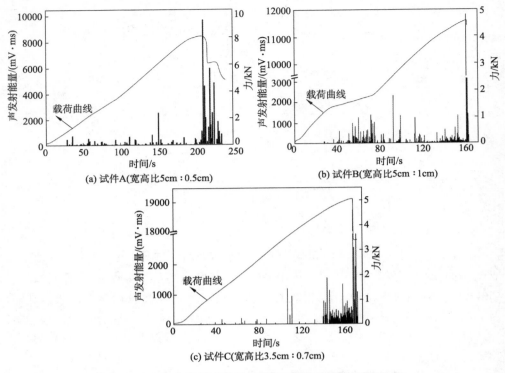

(a) 试件A(宽高比5cm∶0.5cm)

(b) 试件B(宽高比5cm∶1cm)

(c) 试件C(宽高比3.5cm∶0.7cm)

图 3-27　复合材料试件压缩载荷-声发射能量-时间历程

60dB 的声发射信号，这可能与复合材料试件的基体损伤以及试件边缘纤维损伤有关，该阶段以 50~70dB 低幅度信号为主，声发射撞击累积数平稳上升。随着压缩载荷的进一步增加，进入损伤破坏阶段，50~60dB 的声发射信号明显增多，试件基体破坏较为明显，声发射撞击累积数急剧上升，并不断出现高幅度声发射信号，直至复合材料试件最终压缩失稳破坏。

从图 3-28 可以看出，三类复合材料试件压缩载荷下的声发射响应行为基本类似，但试件 B 和试件 C 最终破坏阶段的声发射信号及撞击累积数明显比试件 A 多，这与复合材料试件波纹褶皱缺陷的宽高比有关。褶皱的宽高比越小，褶皱越明显，对应的压缩变形更明显，从而在破坏阶段产生更多的声发射信号。

复合材料试件压缩加载过程的声发射信号持续时间、幅度随时间变化如图 3-29所示，声发射信号的持续时间范围较大，高幅度信号持续时间的范围为 400~120000 μs。

从声发射信号持续时间的历程来看，信号的持续时间存在两个峰值，第一个峰值出现在损伤累积阶段，另一个峰值出现于复合材料试件失稳破坏时。试件开始加载后，声发射信号幅度较低，持续时间短，可能是由于试件与试验机夹具之间存在的摩擦。随着载荷不断增加，试件 B 和试件 C 对应高幅度的声发射信号明

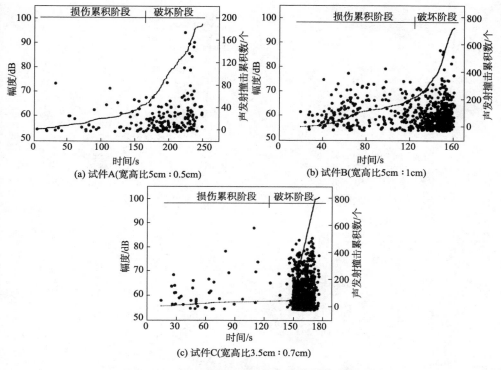

图3-28 声发射信号幅度和撞击累积随时间变化

显增多,声发射信号的持续时间上升,同时伴随大量低幅度的声发射事件,这与试件基体损伤程度增加有关。由于试件 A 褶皱的宽高比大,在压缩加载中产生的声发射信号数量少。当试件临近失稳破坏时,声发射信号持续时间急剧升高。随着载荷不断增大,损伤累积越来越严重,褶皱变形加重,纤维脱粘、纤维断裂同时发生,出现较多高幅度、高持续时间的声发射事件。声发射幅度、持续时间和撞击累积数等信号特征能较好地描述复合材料试件损伤累积和破坏过程。

3.5.3 结论分析

(1)波纹褶皱会严重影响玻璃纤维复合材料的力学性能,波纹褶皱宽高比越小,对复合材料力学性能影响越大;波纹褶皱宽高比一定时,波纹褶皱越高,对复合材料影响越大。

(2)带有波纹褶皱的玻璃纤维复合材料的损伤分为损伤累积和破坏两个阶段,在损伤累积阶段,以低幅度、低持续时间的声发射信号为主;在破坏阶段,出现多种损伤同时发生的现象,表现为声发射撞击数急剧升高,声发射能量逐渐增大,低幅度、高持续时间的声发射信号和高幅度、高持续时间的信号同时存在。

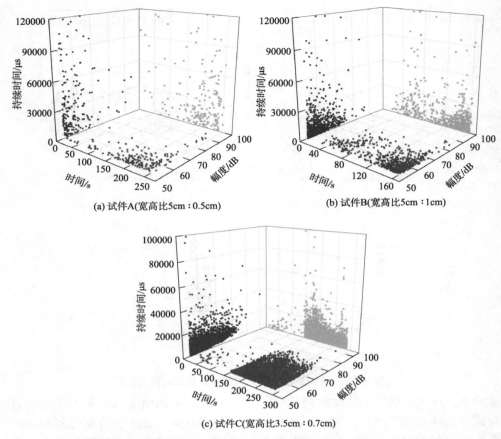

(a) 试件A(宽高比5cm：0.5cm)　　　　(b) 试件B(宽高比5cm：1cm)

(c) 试件C(宽高比3.5cm：0.7cm)

图 3-29　复合材料试件压缩加载过程的声发射信号持续时间-幅度-时间历程

3.6　玻璃纤维复合材料损伤声发射信号聚类分析

利用声发射技术研究玻璃纤维复合材料在压缩载荷作用下的损伤演化及破坏过程，并通过声发射信号的聚类分析，进一步探讨复合材料损伤过程中声发射信号的特征，为复合材料结构的无损评价和早期损伤预报提供参考。

3.6.1　试验材料及方法

试验选用单向玻璃纤维（ECW 600-1270，600 g/m²）为增强材料，固化剂（Aradur 3486）和环氧树脂（Araldite LY 1564 SP）的质量比为 34∶100 进行混合，充分搅匀后放入真空箱进行 30min 脱泡处理。然后将 10 层单向玻璃纤维布（200mm×200mm）铺放到平板模具上，采用树脂回流真空循环灌注方法制备复合材料层板，待室温固化 48h 后放入干燥箱内，温度升至 100℃后固化 8h，冷却至室温，最后切割成 180mm×25mm×4.8mm 的长条形试件。

玻璃纤维复合材料试件压缩加载试验在 CMT5305 型万能拉压试验机上进行，采用位移控制方式，加载速率设定为 0.5mm/min。在复合材料试件加载的同时，使用 DS2-8A 声发射仪进行复合材料损伤的实时监测。RS-54A 型声发射传感器（频率范围 100~900kHz）与试件之间通过波导杆连接。为获得良好的声耦合，传感器与波导杆之间采用高真空硅脂充分贴合，波导杆与试件之间用 502 胶水固定。在压缩试验前进行断铅模拟实验，保证声发射传感器与试件间的良好声耦合。信号采集门槛设置为 10mV（40dB），采样频率为 3MHz。

3.6.2 复合材料力学与声发射响应行为

玻璃纤维复合材料试件的平均失效载荷为 26.23kN，标准偏差为 0.89kN。复合材料试件压缩过程声发射撞击累积数-幅度-时间历程如图 3-30 所示。在加载前 100s，声发射撞击累积数上升缓慢，而后上升速率加快直至试件失效。加载前期的声发射信号以噪声信号为主，试件与夹具之间的摩擦是声发射信号的主要来源，也是主要的噪声源。加载稳定后，出现高于 60dB 的声发射信号，此时复合材料试件基体已经开始出现轻微损伤。当复合材料试件加载到 300s 左右时，基体损伤加重，不断出现高幅度的声发射信号，直至试件断裂。然而，单一的声发射参数无法完全地反映出不同损伤模式的声发射响应行为，需要对声发射信号进行多参数分析，更深层次地描述对应的声发射信号特征。

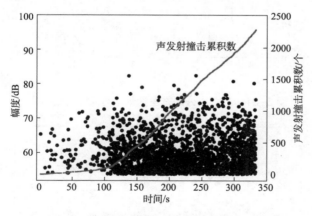

图 3-30　声发射撞击累积数-幅度-时间历程

3.6.3 声发射信号的聚类分析

复合材料损伤演化过程中，声发射信号分析可以有效获取幅度、持续时间、上升时间、能量、撞击数、RA 值（上升时间除以幅度）、峰值频率和质心频率等特征参数，这些特征参数之间一般存在着较高的相关性。为了减小计算时间，通过主成分分析法挑选出幅度、RA 值、峰值频率和质心频率四个典型的声发射特征参数，用于 k-means 聚类分析。通过主成分分析法得到的声发射信号各特征参数之间的相关系数见表 3-2，且显著性水平为 0（小于 5%），这表明主成分分析方法有效。

表 3-2　声发射信号各特征参数间的相关系数

试件	幅度	峰值频率	质心频率	RA 值
幅度	1.000	-0.175	-0.402	-0.029
峰值频率	-0.175	1.000	0.616	0.053
质心频率	-0.402	0.616	1.000	-0.002
RA 值	-0.029	0.053	-0.002	1.000

各个成分的方差贡献率与累计方差占比如图 3-31 所示，从图中可以看出，前两个主成分的方差贡献率之和超过总体方差的 2/3，这说明两个主成分可以描述声发射信号的特性。声发射信号经 k-means 聚类分析后的主成分投影如图 3-32 所示。可见，声发射信号能够比较清晰地在两个主成分上被分为三类，并且三者之间的重叠较少。

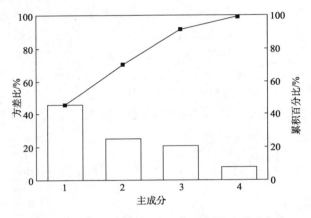

图 3-31　每个成分的方差贡献率与累计方差占比

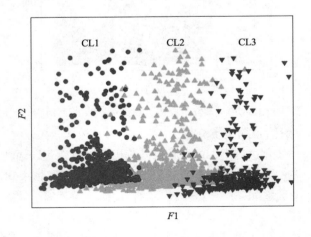

图 3-32　声发射信号 k-means 聚类分析后的主成分投影

46

两个主成分($F1$、$F2$)经主成分分析定义为:

$$F_i = \lambda_1 PA + \lambda_2 PF + \lambda_3 CF + \lambda_4 RA\,(i = 1 \sim 2) \tag{3-1}$$

式中,λ_i 为主成分系数,声发射信号的四个特征参数对应主成分系数见表3-3。

表3-3　声发射信号的四个特征参数对应主成分系数

试件	λ_1	λ_2	λ_3	λ_4
$F1$	−0.330	0.444	0.492	−0.009
$F2$	−0.081	−0.104	0.010	0.990

幅度与峰值频率是声发射信号的两个重要特征参数,可以将其挑选出来描述声发射信号的特征。声发射信号按幅度与峰值频率分类结果如图3-33所示,并且将分类结果分别命名为 CL1、CL2 和 CL3。从图中可以看出,CL1 中的声发射信号峰值频率普遍偏低,CL2 包含的声发射信号峰值频率相对较高,CL3 对应的是高频声发射信号。此外,三类结果对应的都是宽振幅,这是因为在聚类分析过程中,幅度变化范围小,对聚类过程中数据的分布有一定的影响。一般情况下,CL1 对应的损伤模式为基体开裂,CL2 对应的损伤模式为纤维脱粘,CL3 对应的损伤模式为分层与纤维断裂。每一类的聚类边界与声发射信号的数量见表3-4,声发射信号的峰值频率分布图如图3-34所示。

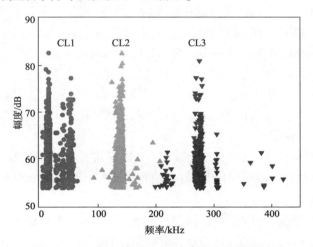

图3-33　声发射信号按幅度与峰值频率分类结果

表3-4　聚类边界与声发射事件的数量

试件	幅度/dB	峰值频率/kHz	数量
CL1	53.9~82.5	2.2~62.2	826
CL2	53.9~82.4	90.8~205.8	1062
CL3	53.9~69.7	197.8~420.4	386

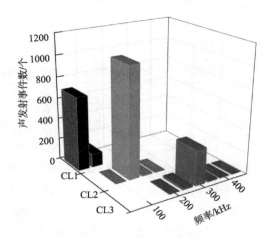

图 3-34 声发射信号的峰值频率分布图

当声发射信号按幅度与峰值频率分开时，CL1 中大部分声发射信号的峰值频率较低，一般在 0~60kHz 范围内；CL2 中声发射信号的峰值频率相对较高，一般在 120~150kHz 之间；CL3 中一般都是大于 250kHz 的高频声发射信号。这三种不同的声发射信号聚类结果表现为 0~60kHz（低频）、100~150kHz（中频）和 200kHz 及以上（高频）所对应的三种损伤模式，即基体开裂、纤维脱粘和纤维断裂与分层。此外，从图 3-33 可以看出，CL3 类声发射信号的幅度普遍偏低，可见复合材料试件在纤维断裂与分层损伤模式下产生的声发射信号幅度相对较低。然而，从图 3-30 发现，复合材料试件纤维断裂与分层时出现大量幅度较高的声发射信号，这是由于纤维断裂与分层损伤伴随着基体开裂、纤维脱粘等多种损伤模式。多种损伤模式的同时发生，会导致声发射信号的叠加，进而出现大量高幅度的声发射信号。

3.6.4 结论分析

利用声发射检测技术对压缩载荷下的玻璃纤维复合材料试件进行实时监测，结合 k-means 聚类分析算法分析声发射信号的特征，研究玻璃纤维复合材料的损伤特性。

（1）玻璃纤维复合材料压缩过程的损伤演化可以分为损伤累积和破坏两个阶段。在损伤累积阶段，声发射信号的幅度偏低且能量也较低；在破坏阶段，由于多种损伤同时发生，导致声发射信号撞击累积数急剧升高，伴随着声发射信号的能量逐渐增大。

（2）通过声发射信号的聚类分析，复合材料压缩损伤过程的声发射信号大致可以分为三类，其特征频率变化范围分别为 0~60kHz（低频）、100~150kHz（中频）和 200~450kHz（高频），对应基体开裂、纤维脱粘和纤维断裂与分层等三种损伤模式。

3.7　风电叶片复合材料疲劳加载声发射监测

风能作为一种无污染的可再生能源，其开发日益受到重视。风电叶片作为风电机组重要的部件，造价占整机的 20% 以上，其良好的设计、可靠的质量是决定风电机组性能优劣的关键。目前，大型风电叶片一般采用组装方式制造，分别在两个阴模上成型玻璃钢叶片壳体，然后在主模具上把上下壳体、主梁及其他部件粘接组装在一起，合模加压固化形成整体叶片。叶根与轮毂的连接，主要以金属法兰、预埋金属杆等形成金属与叶根玻璃钢柱壳粘接的形式。受制造工艺、粘接工艺等随机因素影响，风电叶片复合材料结构难免会产生缺胶、分层、脱粘等缺陷。此外，经过一段时间的运转自振后，风电叶片制造过程中不可预见的虚粘结部位会出现离合现象。这些缺陷在实际静/动载荷、疲劳等条件作用下，将加剧风电叶片结构损伤的产生、扩展与积累，最终导致其失稳破坏。由于风电叶片在服役中长期受到交变载荷的作用，疲劳失效是风电叶片复合材料结构的主要失效形式之一。

声发射检测对动态缺陷敏感、能做到实时监测，是一种新兴的无损检测技术。近年来，国外相关学者相继开展了声发射技术在风电叶片的早期损伤预报和结构健康监测方面的应用研究。国内在该领域的研究处于起步阶段，主要涉及风电叶片裂纹的监测。风电叶片复合材料疲劳加载声发射监测，为风电叶片复合材料结构服役的可靠性评估提供参考依据，促进了声发射技术在风电叶片早期损伤预报和结构健康监测中的应用。

3.7.1　疲劳加载声发射监测方案

全尺寸大型风电叶片的疲劳加载主要分为挥舞和摆振两种形式。某 72.5m 长风电叶片的摆振疲劳试验的摆振次数设定为 400 万次，摆振频率为 0.5Hz。根据风电叶片疲劳加载试验现场实际情况，制定疲劳加载过程声发射监测方案如下：

（1）由于疲劳加载过程中的声发射监测数据量庞大，需要采取分段监测的方式进行，即分别在摆振次数约 15 万次、50 万次、100 万次、150 万次、200 万次、250 万次、300 万次、400 万次时进行声发射监测与数据采集。

（2）每次的声发射监测分别在风电叶片的前缘和后缘进行，8 个声发射传感器在前后缘的固定位置距叶根分别为 5m、6m、8m、9m、12m、13m、17m 和 18m。

（3）风电叶片前缘与后缘的声发射监测各进行 2 次，每次信号采集时间为 90s，采样频率为 3MHz，信号采集门槛设定为 20mV。

风电叶片复合材料结构摆振疲劳试验声发射监测方案如图 3-35 所示。

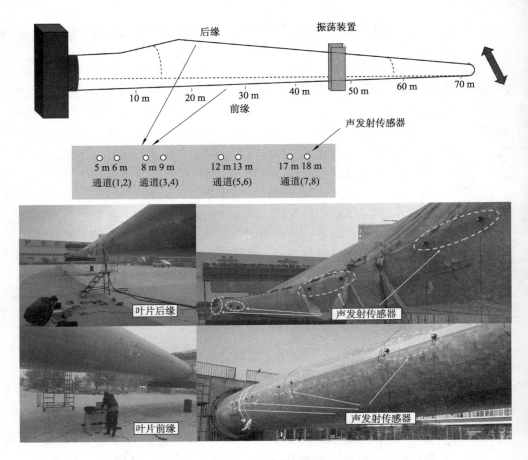

图 3-35　风电叶片复合材料结构摆振疲劳试验声发射监测方案

3.7.2　风电叶片疲劳加载声发射信号分析

风电叶片疲劳加载过程的声发射信号包括正常信号与噪声信号的叠加，为了提取正常的特征信号，需要利用小波分析等信号处理技术对原始声发射信号进行去噪声处理。通过风电叶片摆振疲劳试验声发射信号的幅度分布和声发射能量等特征参数分析，对风电叶片复合材料结构的疲劳损伤进行可靠性评估。

风电叶片疲劳摆振约 15 万次、50 万次、100 万次、150 万次、200 万次、250 万次、300 万次、400 万次后，对应后缘和前缘的声发射信号幅度时间历程如图 3-36～图 3-43 所示。从图 3-36 可以看出，当风电叶片疲劳摆振次数达到 15 万次时，大部分通道的声发射信号幅度水平相对集中，例如，叶片后缘通道 1 中的声发射信号幅度主要集中在 78dB，通道 2 中的信号幅度水平主要集中在约 62dB 和 70dB；叶片前缘通道 7 中的声发射信号幅度在 60~78dB 之间波动。此外，叶片前缘通道 6 中出现少量幅度在 60dB 左右的声发射信号。

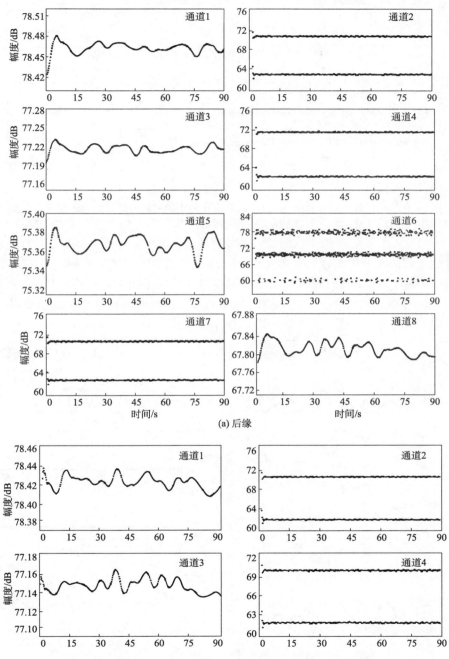

图 3-36　风电叶片疲劳摆振 15 万次时后缘和前缘的声发射信号幅度时间历程

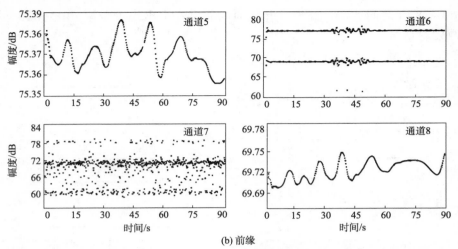

(b) 前缘

图 3-36 风电叶片疲劳摆振 15 万次时后缘和前缘的声发射信号幅度时间历程 (续)

风电叶片疲劳摆振 50 万次时后缘和前缘的声发射信号幅度时间历程如图 3-37 所示。当叶片疲劳摆振到 50 万次时，大部分通道的声发射信号相对稳定。叶片后缘和前缘的通道 3(距叶根 8m) 和通道 5(距叶根 12m) 中的信号幅度有所降低，通道 3 的声发射信号幅度主要分布在 66dB 以下，只有少量幅度在 70dB 左右的声发射信号；通道 5 的声发射信号幅度主要分布在 61dB 左右。叶片前缘通道 7(距叶根 17m) 中的声发射信号幅度水平也趋于稳定，主要分布在 60dB 和 72dB 左右。

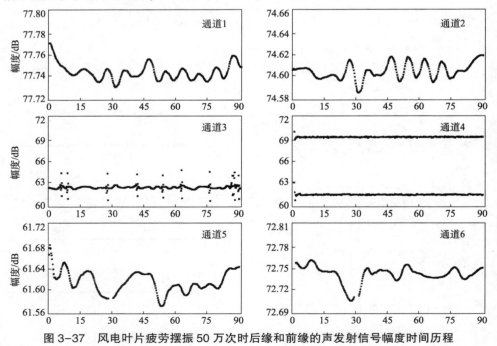

图 3-37 风电叶片疲劳摆振 50 万次时后缘和前缘的声发射信号幅度时间历程

52

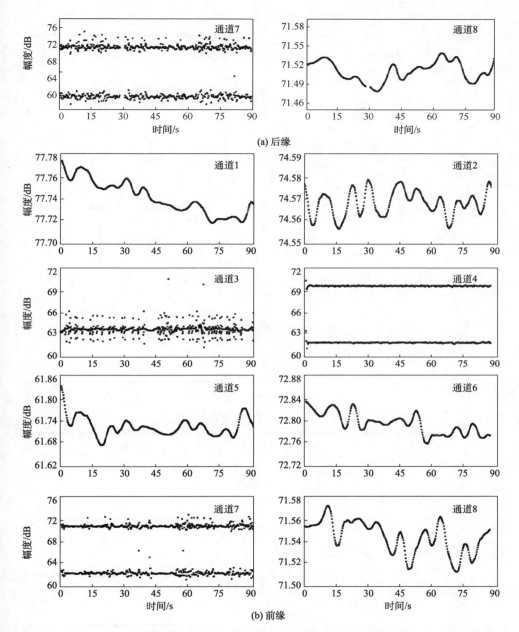

图 3-37　风电叶片疲劳摆振 50 万次时后缘和前缘的声发射信号幅度时间历程(续)

风电叶片疲劳摆振 100 万次时后缘和前缘的声发射信号幅度时间历程如图3-38 所示。当叶片疲劳摆振到 100 万次时,叶片后缘和前缘通道 3 和通道 5 中的声发射信号幅度水平又增加到了 75dB 以上,通道 8(距叶根 18m) 中出现幅度为78dB 的声发射信号。

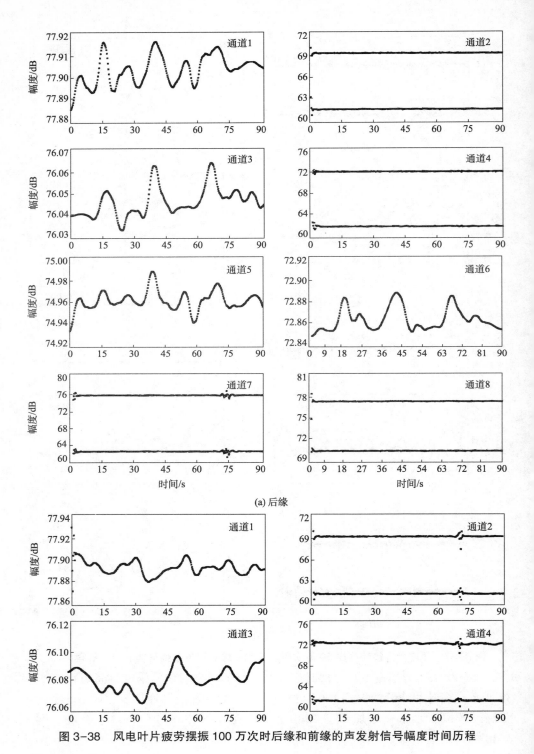

图 3-38　风电叶片疲劳摆振 100 万次时后缘和前缘的声发射信号幅度时间历程

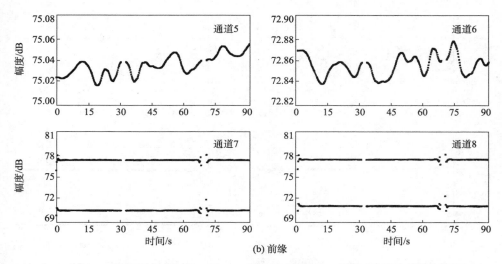

(b) 前缘

图3-38　风电叶片疲劳摆振100万次时后缘和前缘的声发射信号幅度时间历程（续）

风电叶片疲劳摆振150万次时后缘和前缘的声发射信号幅度时间历程如图3-39所示。叶片后缘通道1和通道2中出现明显的信号波动现象，声发射信号幅度主要分布在60~75dB范围内。与疲劳摆振100万次时相比，通道8中的低幅度信号明显减少。

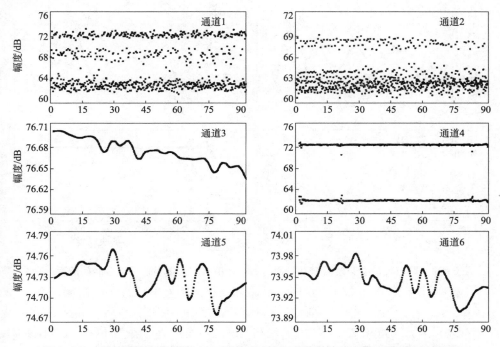

图3-39　风电叶片疲劳摆振150万次时后缘和前缘的声发射信号幅度时间历程

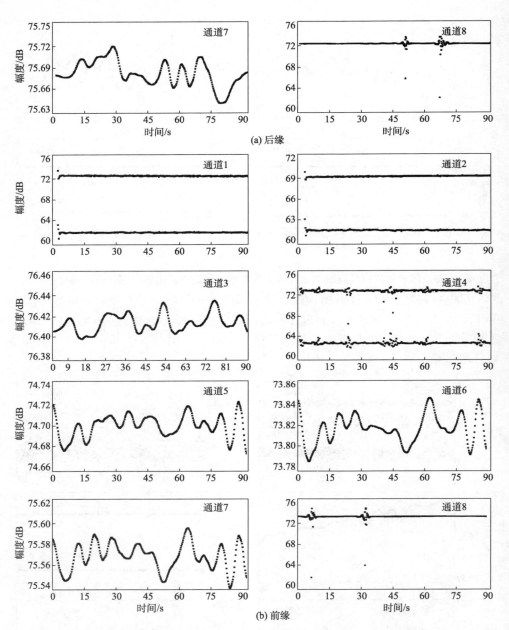

图 3-39　风电叶片疲劳摆振 150 万次时后缘和前缘的声发射信号幅度时间历程（续）

　　风电叶片疲劳摆振 200 万次时，后缘和前缘的声发射信号幅度时间历程如图 3-40 所示。叶片后缘通道 8 中的声发射信号幅度有类似周期性波动现象。

　　风电叶片疲劳摆振 250 万次时后缘和前缘的声发射信号幅度时间历程如图3-41 所示。通道 1 和通道 2 中的声发射信号幅度有所降低，主要分布在 70dB 以内。

56

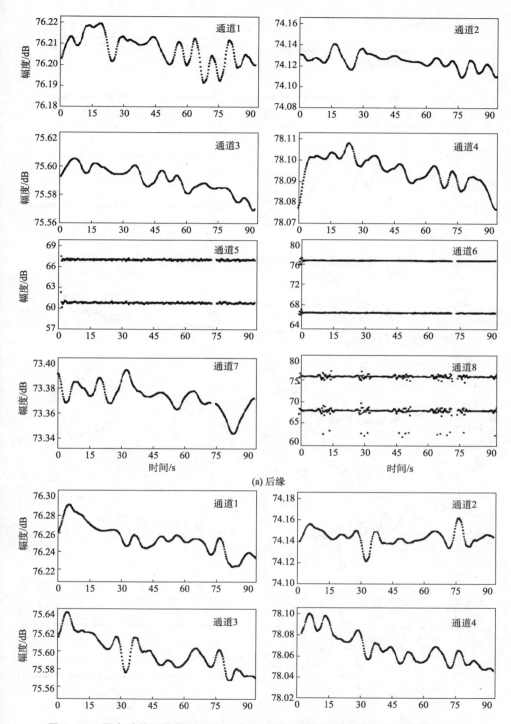

图 3-40　风电叶片疲劳摆振 200 万次时后缘和前缘的声发射信号幅度时间历程

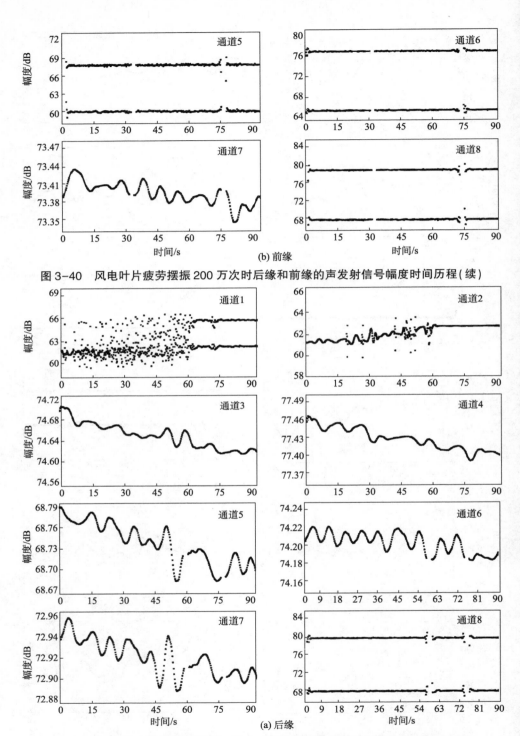

图 3-40　风电叶片疲劳摆振 200 万次时后缘和前缘的声发射信号幅度时间历程（续）

(b) 前缘

(a) 后缘

图 3-41　风电叶片疲劳摆振 250 万次时后缘和前缘的声发射信号幅度时间历程

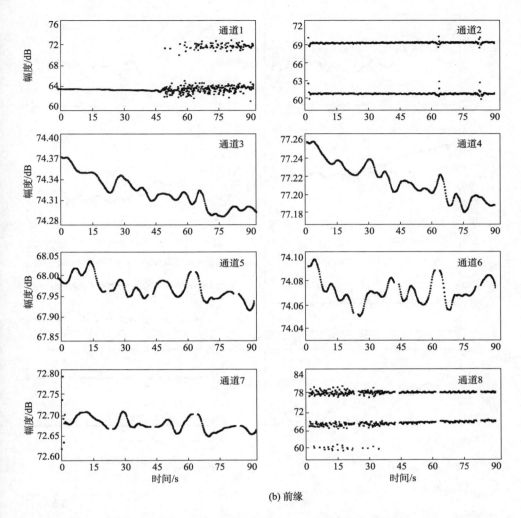

(b) 前缘

图 3-41　风电叶片疲劳摆振 250 万次时后缘和前缘的声发射信号幅度时间历程（续）

风电叶片疲劳摆振 300 万次、400 万次时，叶片后缘和前缘的声发射信号幅度时间历程如图 3-42 和图 3-43 所示。通道 5 中的声发射信号幅度有所降低，分布在 70dB 以下。总体上看，通道 1（距叶根 5m）中的声发射信号幅度水平基本稳定，通道 8（距叶根 18m）中的声发射信号幅度呈上升趋势，从疲劳摆振 15 万次时的 67dB 增加到 50 万次时的 71dB，再到 78dB。在整个疲劳摆振试验过程，产生的声发射信号幅度水平基本在 80dB 以下。

风电叶片疲劳摆振 15 万次时，后缘的声发射能量时间历程如图 3-44 所示，叶片疲劳摆振初期，大部分通道的声发射信号能量相对稳定，通道 2 和通道 8 中声发射信号能量较低。

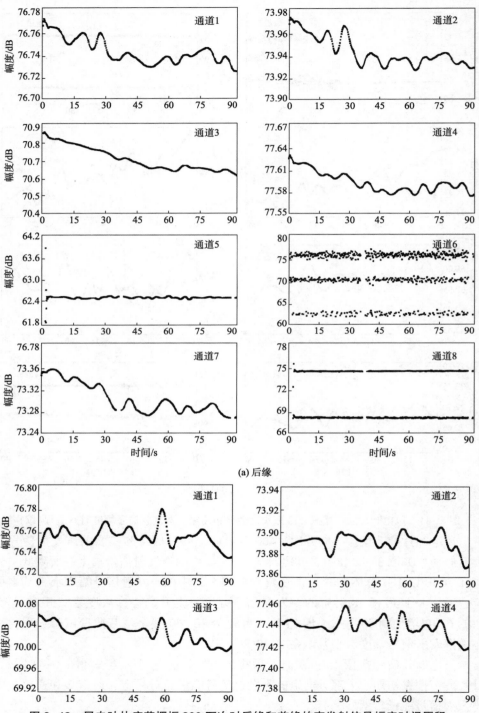

图 3-42 风电叶片疲劳摆振 300 万次时后缘和前缘的声发射信号幅度时间历程

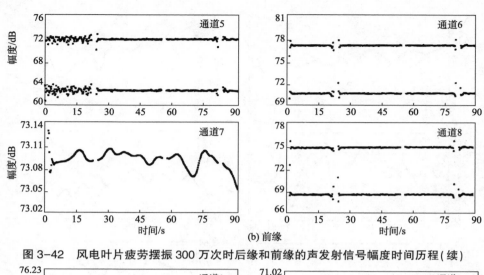

(b) 前缘

图 3-42 风电叶片疲劳摆振 300 万次时后缘和前缘的声发射信号幅度时间历程（续）

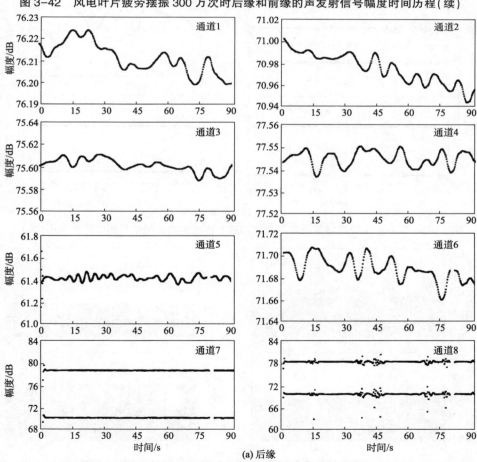

(a) 后缘

图 3-43 风电叶片疲劳摆振 400 万次时后缘和前缘的声发射信号幅度时间历程

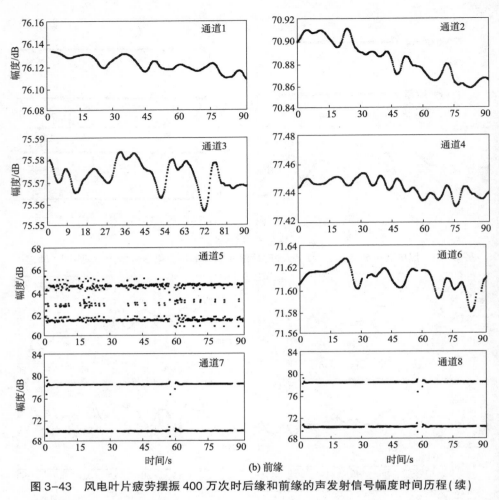

(b) 前缘

图 3-43　风电叶片疲劳摆振 400 万次时后缘和前缘的声发射信号幅度时间历程 (续)

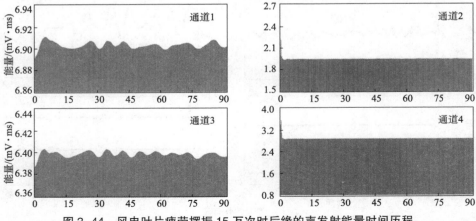

图 3-44　风电叶片疲劳摆振 15 万次时后缘的声发射能量时间历程

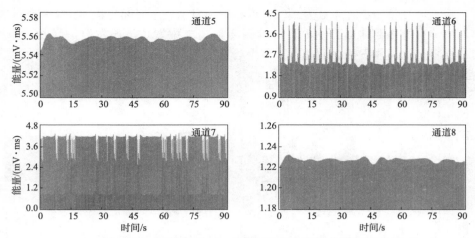

图 3-44　风电叶片疲劳摆振 15 万次时后缘的声发射能量时间历程（续）

风电叶片疲劳摆振 50 万次时，后缘的声发射能量时间历程如图 3-45 所示。当叶片疲劳摆振次数到 50 万次时，叶片后缘通道 3、通道 5 和通道 7 中监测到能量信号的变化。

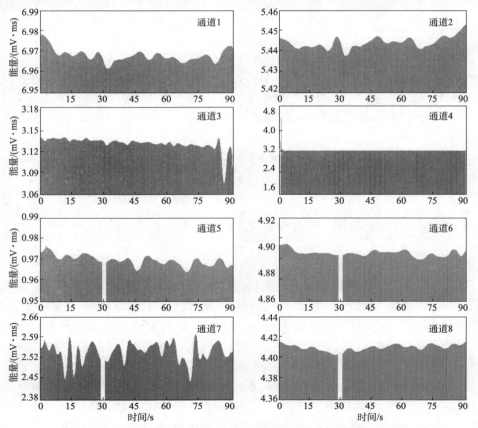

图 3-45　风电叶片疲劳摆振 50 万次时后缘的声发射能量时间历程

风电叶片疲劳摆振 100 万次时，后缘的声发射能量时间历程如图 3-46 所示。当叶片疲劳摆振到 100 万次时，叶片后缘通道 7 中发现了声发射信号的能量突发。在疲劳加载声发射监测初期，多个通道出现了能量信号的波动。这可能与外界因素有关。

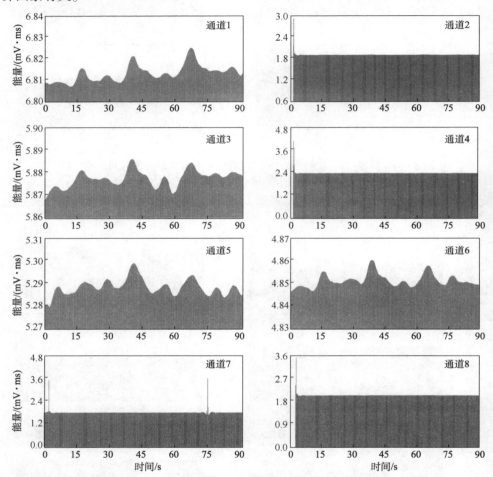

图 3-46 风电叶片疲劳摆振 100 万次时后缘的声发射能量时间历程

风电叶片疲劳摆振 150 万次时，后缘的声发射能量时间历程如图 3-47 所示。大部分通道的声发射信号能量相对稳定，通道 1 中发现了部分能量突变的声发射信号。

当疲劳摆振次数到 200 万次时，叶片后缘的声发射能量时间历程如图 3-48 所示，叶片后缘通道 8 中发现了少量能量突变的声发射信号。

风电叶片疲劳摆振 250 万次、300 万次和 400 万次时，后缘的声发射能量时间历程如图 3-49、图 3-50 和图 3-51 所示。随着叶片疲劳摆振次数的增加，在多个通道发现声发射信号的能量突变，这种现象在通道 8(距叶根 18m)中出现的频率较高。

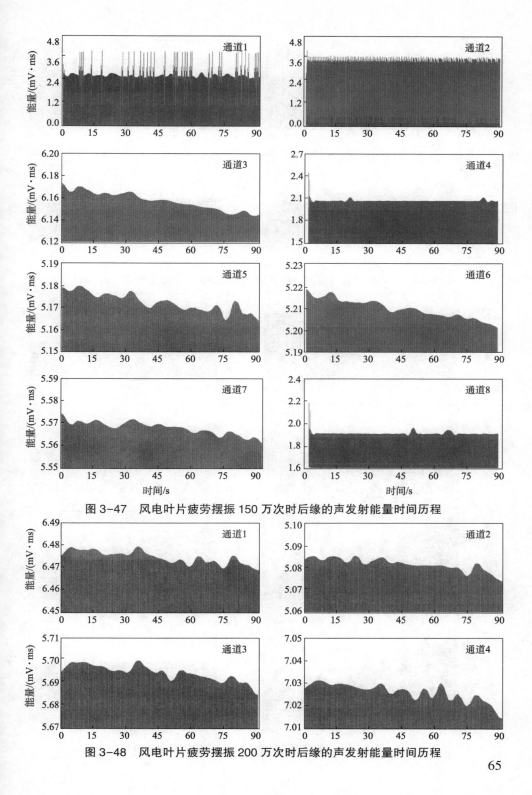

图 3-47 风电叶片疲劳摆振 150 万次时后缘的声发射能量时间历程

图 3-48 风电叶片疲劳摆振 200 万次时后缘的声发射能量时间历程

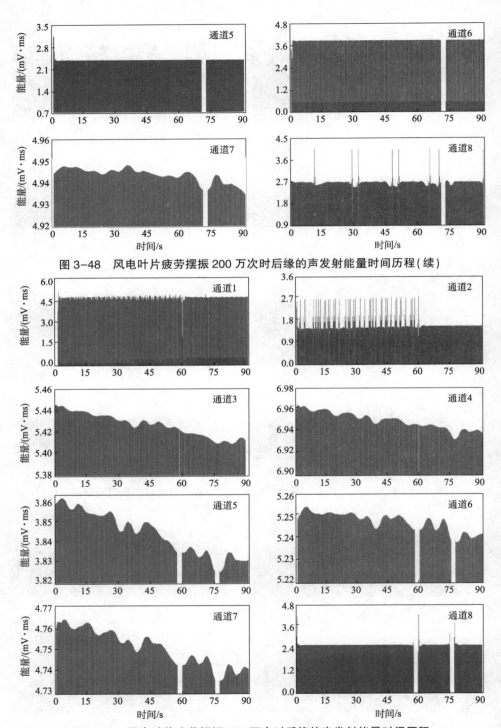

图 3-48 风电叶片疲劳摆振 200 万次时后缘的声发射能量时间历程(续)

图 3-49 风电叶片疲劳摆振 250 万次时后缘的声发射能量时间历程

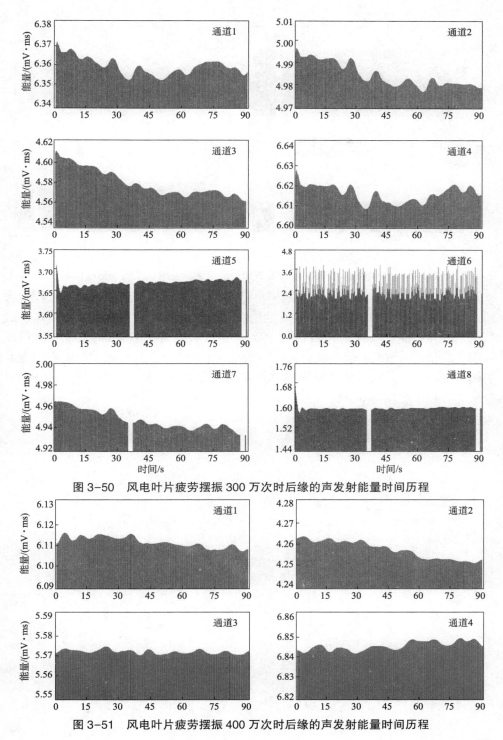

图 3-50 风电叶片疲劳摆振 300 万次时后缘的声发射能量时间历程

图 3-51 风电叶片疲劳摆振 400 万次时后缘的声发射能量时间历程

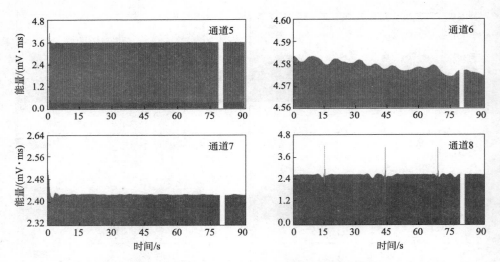

图 3-51　风电叶片疲劳摆振 400 万次时后缘的声发射能量时间历程(续)

　　根据声发射信号的能量和幅度特征可以看出，在整个疲劳摆振试验过程，通道 1(距叶根 5m)中声发射信号的能量相对较高，声发射信号幅度相对稳定，这是由于叶片根部承受的交变载荷最大。然而，通道 8(距叶根 18m)监测到的声发射信号能量相对较低，但声发射信号的幅度有上升趋势，且出现了高频率的声发射信号能量突变。在实际工程应用中，声发射监测信号受外界因素的影响较大，包括环境和传感器的耦合性等。

第4章 复合材料分层损伤声发射检测

4.1　复合材料 I 型分层损伤声发射特性

以含I型分层缺陷的复合材料试件为研究对象，对试件的拉伸试验过程进行声发射监测，研究了含分层缺陷复合材料拉伸过程的损伤演化特性和声发射响应特征。

4.1.1　试验材料及方法

试验采用玻璃纤维环氧单向预浸料(G20000，单层厚度 0.17mm)和多轴向预浸料(KT900，单层厚度 1mm，0°、+45°、−45°方向纤维质量比为 50%、25%、25%)制备复合材料试板。首先将预浸料铺设在平板模具上，经加热、加压固化后获得复合材料层板。单向复合材料铺设 20 层，实际厚度约为 3.3mm。多轴向复合材料铺设 5 层，实际厚度约为 4.5mm。为获得 I 型分层缺陷，在试板一端的中间位置放置聚四氟乙烯薄膜获得预制裂纹。最后将试板切割成 180mm×25mm 的长条形试件，预制裂纹长度为 60mm。

复合材料试件的分层扩展试验在
CMT5305 型万能拉压试验机上进行，同时利
用 AMSY−5 全波形声发射仪对复合材料试件
的分层扩展过程进行声发射监测，如图 4−1
所示。试验采用位移控制方式，加载速率约
为 2mm/min。

试验采用 1 个 VS150−RIC 型(频带为 100~
450kHz，内置前置放大器增益为 34dB，中心
频率为 150kHz)进行复合材料试件分层扩展

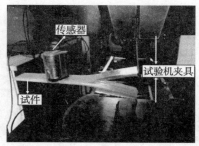

图 4-1　复合材料试件
I 型分层扩展试验

过程的声发射监测，采样频率为 5MHz，信号采集门槛设定为 46dB，声发射传感器中心位置距分层扩展前沿的距离为 60mm。

4.1.2　复合材料 I 型分层力学响应与破坏特征

复合材料 I 型分层试件拉伸载荷-张开位移曲线如图 4−2 所示。依据复合材料试件的载荷与张开位移的变化曲线，可将复合材料试件分层损伤累积与扩展的整个过程划分为四个不同的阶段。由于复合材料预制分层的存在，第一阶段的拉伸载荷与张开位移呈线性关系，在试件加载初期并没有声发射事件。第二阶段开

始出现预制分层裂纹前沿的损伤累积，拉伸载荷与位移之间呈现非线性特征。该阶段位于线性区之后，并且在最大载荷之前。第三阶段是在达到最大载荷后，分层损伤的失稳扩展导致载荷的一定下降。第四阶段为分层的稳定扩展，拉伸载荷随张开位移平稳变化。

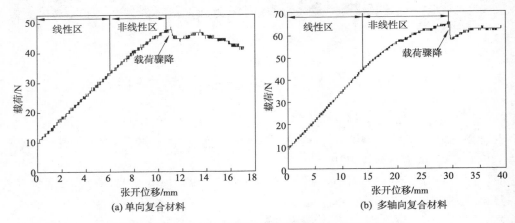

图4-2 复合材料Ⅰ型分层试件拉伸载荷-张开位移曲线

复合材料分层损伤的界面特征如图4-3所示。单向复合材料的扩展位移为16mm，多轴向复合材料的扩展位移为15mm。两者的扩展位移相差不大。结合图4-2，单向复合材料的张开位移为17mm，最大载荷为49N；多轴向复合材料的张开位移为39mm，最大载荷为65N，多轴向复合材料的张开位移和载荷都大于单向复合材料。这是由于多轴向复合材料存在±45°方向的纤维，在分层损伤扩展过程中，±45°方向纤维会影响裂纹的扩展。

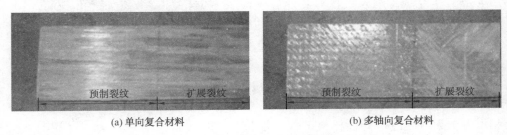

图4-3 复合材料分层损伤的界面特征

4.1.3 复合材料Ⅰ型分层扩展声发射响应

复合材料Ⅰ型分层试件加载过程中的声发射信号撞击累积-幅度-时间历程如图4-4所示。从图4-4(a)可以看出，单向复合材料试件加载起始阶段，由于预制裂纹的存在，仅出现少量幅度不高于70dB的声发射信号，撞击累积处于较低水平。随着张开位移的增加，分层尖端区域开始出现明显的损伤累积，出现较多幅度在70~87dB之间的声发射信号，且撞击累积数急速上升。随着分层损伤

70

的不断扩展，出现大量的声发射信号，导致撞击累积数迅速增高，部分信号的幅度达到 99.8dB。

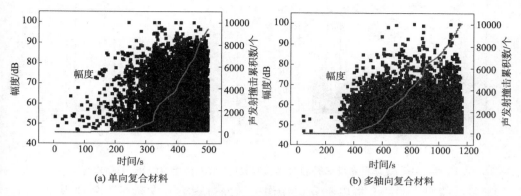

(a) 单向复合材料　　　　　　　(b) 多轴向复合材料

图 4-4　声发射信号撞击累积-幅度-时间历程

如图 4-4(b)所示，多轴向复合材料在加载初始阶段只有少量声发射信号产生，且信号幅度值低于 60dB。随着分层张开位移的增加，声发射信号迅速增多，幅度主要分布在 60~90dB，撞击累积数呈近似直线上升趋势。随着分层损伤的不断累积，在分层失稳扩展时出现幅度值高达 100dB 的声发射信号，撞击累积数直线上升。

单向复合材料在分层失稳扩展阶段，出现较多幅度在 46~90dB 的声发射信号；而多轴向复合材料从损伤演化阶段到分层失稳扩展，一直都存在较多幅度在 46~75dB 的声发射信号。这是由于多轴向复合材料在分层扩展过程中，±45°方向纤维会影响分层的损伤累积及扩展，使其在分层失稳扩展阶段并没有较多高幅度的声发射信号产生。

复合材料层间开裂试件拉伸载荷-声发射相对能量-时间历程如图 4-5 所示。从图 4-5(a)可以看出，加载初始阶段，在载荷曲线的线性区域，由于没有声发射事件，声发射相对能量几乎为零，随着载荷增加至非线性阶段，出现了一定能量的声发射事件，说明此时分层尖端区域出现损伤累积。随着载荷增加到最大，复合材料试件出现分层失稳扩展，此时对应最高的声发射相对能量，数值为 11980。

从图 4-5(b)可以看出，多轴向复合材料试件在加载过程中的最大相对能量与单向复合材料相差不大。在加载过程初期，复合材料试件无明显的损伤，其声发射相对能量水平较低；随着多轴向复合材料分层损伤的累积，载荷曲线呈非线性变化，产生的声发射事件越来越多，相对能量逐渐升高；当分层试件最终失稳扩展时，对应的声发射相对能量达到最高值 10050。分层的失稳扩展导致载荷下降，声发射相对能量也有所变化。在载荷缓慢上升到平衡的过程中，声发射相对能量的变化也逐渐趋于平稳。

根据复合材料层间开裂过程中声发射幅度、撞击累积数、能量随时间的变化

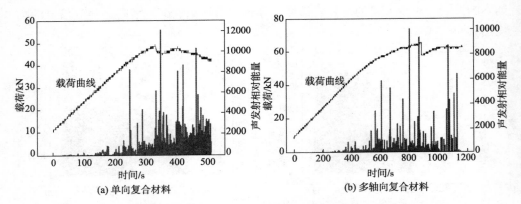

(a) 单向复合材料   (b) 多轴向复合材料

图 4-5　复合材料层间开裂试件拉伸载荷-声发射相对能量-时间历程

特征及载荷变化曲线，可以将分层损伤扩展的过程为三个阶段，分别为起始阶段、演化阶段、失稳扩展阶段。在起始阶段，由于预制裂纹的存在，几乎没有声发射事件，仅出现少量幅度不高的声发射信号，声发射撞击数变化很小，声发射相对能量几乎为零，载荷曲线线性变化；在演化阶段，分层尖端区域开始出现明显的微裂纹扩展，声发射事件逐渐增多，出现了大量从低到高幅度的声发射信号，且撞击累积数呈近似直线上升趋势，声发射相对能量开始逐渐增大，载荷曲线呈非线性变化；在分层失稳扩展阶段，试件最终层间开裂破坏，出现了大量的声发射信号，进而导致了声发射撞击累积数的急剧增加，此时对应最高的声发射相对能量，载荷达到最大值。当分层稳定扩展时，相对能量也随之平稳变化。

4.1.4　结论分析

（1）复合材料 I 型分层加载初始阶段，载荷与张开位移呈现明显的线性特征；当出现分层损伤累积时呈现非线性特征；载荷达到最大时分层失稳扩展，然后平稳变化。

（2） I 型分层复合材料在加载初始阶段，由于预制裂纹的存在，几乎没有声发射事件，信号很少且幅度不高，声发射相对能量近乎为零；随着张开位移增加，分层尖端区域出现损伤累积，信号明显增多且幅度从低到高分布，撞击累积计数呈近似直线上升趋势，相对能量开始逐渐增大；随着分层损伤不断累积至失稳扩展，出现的声发射信号幅度值达到最高，撞击累积数直线升高，声发射相对能量最高。

4.2　单复合材料 II 型分层损伤声发射特性

通过对复合材料 II 型分层扩展力学性能实验，采用声发射技术全程监测复合材料分层损伤演化全过程，获取复合材料层间力学特性及其对应的声发射响应特征，揭示复合材料层间损伤演化规律，为复合材料结构的健康监测和标准认证体系的建立奠定基础。

4.2.1 试验材料及方法

根据风电叶片的蒙皮和翼梁主要使用单向和多轴向编织玻璃纤维/环氧复合材料的特点，试验选用玻璃纤维单向布（ECW600-1270，$600g/m^2$）和双轴向布[E-DB800-1270（±45°），$800g/m^2$]为增强材料，以真空灌注的方式获取[0/0]、[0/45]和[+45/-45]复合材料层间预裂界面。三类复合材料试板对应的铺层分别为[0_5]s、[$0_5/±45/0_4$]和[$0_4/±45$]s，且均为10层。纤维布铺设时，在层板的第5层和第6层之间放置聚四氟乙烯薄膜，形成40mm左右的分层；真空灌注用环氧树脂（Araldite LY 1564 SP）和固化剂（Aradur 3486）的质量配比为100：34。真空灌注完成后，室温固化48h，真空干燥箱内80℃后固化12h，得到[0/0]、[0/45]和[+45/-45]复合材料分层试板厚度分别为（3.8±0.05）mm、（4.1±0.05）mm和（4.2±0.05）mm。最后，将复合材料切割成宽度为25mm的长条形试件。

由于聚四氟乙烯薄膜预制了钝的裂纹尖端，采用Ⅱ型方式对裂纹进行预裂。图4-6为最后获得的复合材料Ⅱ型分层试件，尺寸为160mm×25mm，预裂纹长度为40mm。

复合材料Ⅱ型分层试验在CMT5305型万能拉压试验机上完成，如图4-7所示。

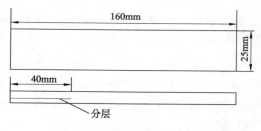

图4-6　复合材料试件几何尺寸　　　图4-7　复合材料试件加载现场

跨距2L为100mm，有效裂纹长度 a 为25mm，试验采用位移控制，加载速率设为2mm/min。试件加载过程中，同时利用AMSY-5全波形声发射仪实时监测并记录整个加载过程中的声发射信号。声发射监测采用1个VS150-RIC型传感器，采样频率为5MHz。传感器与试件之间用高真空油脂耦合，然后用胶带固定在试件上，传感器距分层裂纹尖端的距离为65mm。通过多次试验尝试，声发射信号采集门槛设为46dB。

4.2.2 复合材料Ⅱ型分层力学响应与破坏特征

图4-8为复合材料试件Ⅱ型分层扩展试验载荷-位移曲线。加载初始阶段，随位移增加，三类分层试件载荷基本呈线性增长趋势。当接近破坏峰值时，伴随着损伤的累积，载荷-位移曲线出现非线性。当加载至峰值载荷时，[0/0]复合材料分层试件裂纹尖端沿层间迅速扩展，载荷急剧下降。与[0/0]复合材料分层

试件相比，[0/45]和[+45/-45]复合材料分层试件裂纹载荷的下降相对缓慢，这可归结于复合材料试件层间破坏机理的不同。

图 4-9 为复合材料 II 型分层试件典型的宏观破坏特征。从图 4-9(a)可以看出，箭头方向为分层扩展方向，白色区域为分层扩展区，三类试件分层扩展行为明显不同。

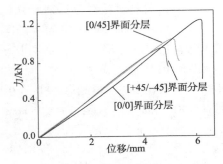

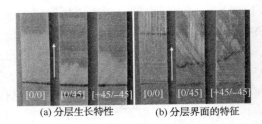

(a) 分层生长特性　　　　(b) 分层界面的特征

图 4-8　复合材料试件试验载荷-位移曲线　　图 4-9　复合材料试件分层破坏宏观特征

由于[0/0]复合材料分层试件裂纹扩展较快，一般能获得较大面积的分层区，且扩展前沿较为平齐。而[0/45]和[+45/-45]复合材料分层试件受±45°方向纤维作用，分层区面积相对较小，分层扩展前沿不齐，并呈现一定的随机分布特征。

标记出分层扩展前沿，沿分层界面将试件劈开，获得分层界面破坏特征，如图 4-9(b)所示。[0/0]复合材料分层试件单向纤维纵向与裂纹走向一致，当裂纹尖端出现不稳定扩展后，沿层间迅速扩展，裂纹面较为平整，较少出现纤维破坏现象。就[0/45]和[+45/-45]复合材料分层试件而言，±45°纤维方向与裂纹走向存在一定夹角，不同方向纤维和基体的泊松比失配更为严重，分层界面的微损伤累积导致沿纤维方向微裂纹的萌生与扩展。

图 4-10 为复合材料分层试件界面破坏的微结构特征。从图 4-10(a)可以看出，[0/0]复合材料分层试件破坏界面较为整齐，主要破坏形式为纤维/基体界面的破裂，存在较少的纤维破坏现象。对比图 4-10(b)和(c)，[0/45]和[+45/-45]复合材料分层试件除了纤维/基体界面的破裂外，还存在更多的纤维破坏现象。

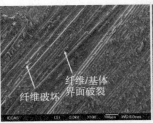

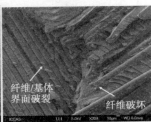

(a) [0/0]复合材料分层试件　　(b) [0/45]复合材料分层试件　　(c) [+45/-45]复合材料分层试件

图 4-10　复合材料试件分层破坏微结构特征

4.2.3 复合材料Ⅱ型分层扩展的声发射特征

声发射信号特征参量中的幅度、撞击累积数等参量能反映出声发射活动的强度和频度，可用来描述复合材料试件Ⅱ型分层损伤破坏行为。

图4-11为典型的复合材料Ⅱ型分层试件的声发射撞击累积时间历程。[0/0]复合材料分层试件加载初期，声发射撞击数变化缓慢；当加载至峰值载荷附近，随着损伤累积，声发射撞击数累积明显加快，并迅速增长，此时对应分层试件裂纹尖端沿层间迅速不稳定扩展。

与[0/0]复合材料分层试件相比，[0/45]和[+45/−45]复合材料试件不稳定分层扩展前，声发射撞击累积数

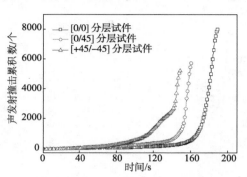

图4-11 复合材料试件的声发射
撞击累积时间历程

较高，但整个破坏过程的声发射撞击累积总数很低，尤其是[+45/−45]复合材料分层试件表现得更为明显。这是由于分层不稳定扩展前，受±45°方向纤维的作用，使裂纹尖端区域微损伤程度较为严重，从而对应较多的声发射撞击数累积数。结合图4-9(b)中沿纤维方向损伤破坏的痕迹，该现象是层间界面、沿纤维方向基体及界面微裂纹的萌生与扩展等微损伤累积所致。当这些微损伤累积到一定程度后，导致分层试件裂纹尖端沿层间不稳定扩展。由于分层区面积相对较小，导致[0/45]和[+45/−45]复合材料分层试件具有较低的声发射撞击累积总数。

根据以上分析，可将复合材料Ⅱ型分层损伤演化分为预分层裂纹尖端区域微损伤累积和分层不稳定扩展两个基本的过程。图4-12为典型的复合材料Ⅱ型分层试件的声发射幅度–持续时间–时间历程。从图4-12(a)可以看出，加载初始阶段，就出现50~75dB的声发射信号，但这些声发射事件所对应的持续时间维持在较低的水平。结合图4-11，该阶段几乎没有撞击数，这一现象源于分层界面两侧相对滑移所对应的摩擦力影响。复合材料Ⅱ型分层加载弯曲造成层间界面有较大摩擦力，在复合材料分层损伤检测中应予以充分的考虑。

[0/0]复合材料试件预分层裂纹尖端区域微损伤累积阶段，随着微损伤的不断累积，声发射事件逐渐增多，且对应的幅度和持续时间也呈明显上升趋势。当损伤累积到一定程度，将导致分层界面不稳定扩展，此时高低幅度的声发射信号均有出现。但可明显看出，高幅度声发射信号一般具有较长的持续时间，这类信号对应着分层界面宏观裂纹的扩展。由此可见，预制裂纹尖端区域微损伤与宏观裂纹扩展所产生的声发射信号明显不同，可作为判定复合材料分层损伤状态的有效依据。

如图4-12(b)所示，[0/45]复合材料分层试件微损伤累积阶段，出现一些

较高幅度和较长持续时间的声发射信号。这表明，由于45°方向纤维的作用，预分层裂纹尖端区域微损伤出现得更早，且损伤程度相对严重。当出现分层界面宏观裂纹扩展时，对应高幅度和长持续时间的声发射信号。

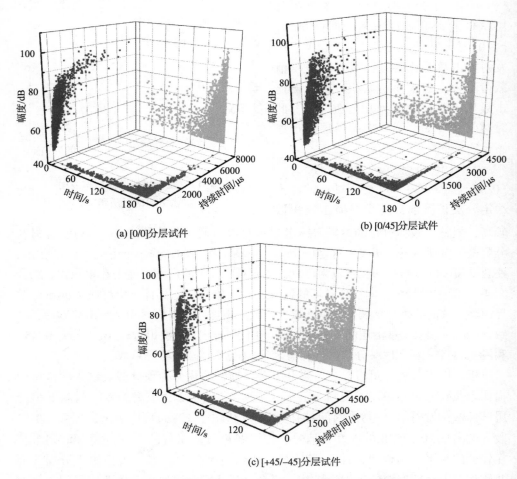

(a) [0/0]分层试件

(b) [0/45]分层试件

(c) [+45/-45]分层试件

图4-12　复合材料试件的声发射幅度–持续时间–时间历程

比较图4-12(b)和(c)，两类试件预分层裂纹尖端区域微损伤累积阶段，声发射信号的持续时间基本一致；但[+45/-45]复合材料分层试件对应着较多50～85dB的声发射信号，该类信号的持续时间一般较短。这进一步表明，由于±45°方向纤维的相互作用，分层界面沿纤维方向微裂纹的萌生与扩展更为明显。纤维与基体的泊松比失配而导致的应力集中，使裂纹尖端区域微损伤程度更为严重。

三类复合材料试件Ⅱ型分层微损伤累积和不稳定扩展表现出不同特性：[0/0]复合材料试件分层界面宏观裂纹不稳定扩展对应较多高幅度、长持续时间的声发射信号；由于±45°方向纤维的作用，[0/45]和[+45/-45]复合材料分层试件裂纹尖端区域微损伤程度更为严重。

4.2.4 复合材料Ⅱ型分层损伤的声发射统计分析

为了全面地研究复合材料Ⅱ型分层的微损伤和失效机制，基于声发射信号的
统计分析方法，进一步描述复合材料分层损伤行为。复合材料Ⅱ型分层试件不同载荷水平下声发射幅度谱如图 4-13 所示。每一个幅度谱曲线表示一种载荷水平下所对应的损伤状态的量化，随机损伤事件决定了幅度谱的模式。低幅度的声发射事件起源于加载初始阶段的微损伤，当载荷增大至 0.65kN 时，幅度谱的范围为 46~77dB。随着弯曲载荷的增大，微损伤不断累积，并出现高幅度的声发射信号，高幅度

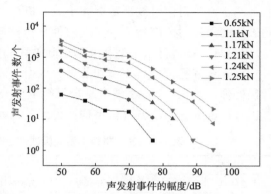

图 4-13　复合材料Ⅱ型分层试件不同
载荷水平下声发射幅度谱

的声发射事件的出现导致整个幅度谱带宽的形成。除此之外，在不同载荷水平的观察窗内，声发射信号由低幅到高幅单增，伴随着幅度越高，数量越少模式。声发射信号幅度谱曲线的增加与不同弯曲载荷水平呈对数关系。整个频谱带宽一旦形成，随机损伤事件发生率明显减少，预示着不稳定的分层扩展。因此，利用声发射幅度谱，能够有效描述含分层复合材料微损伤演化过程。

4.2.5 结论分析

（1）由于[0/0]复合材料分层试件裂纹扩展较快，一般能获得较大面积的分层区，且扩展前沿较为平齐。与[0/0]复合材料试件相比，[0/45]和[+45/-45]复合材料试件Ⅱ型分层扩展相对缓慢；受±45°方向纤维作用，分层区面积相对较小，分层扩展前沿不齐，并呈现一定的随机分布特征。由于±45°纤维方向与裂纹走向存在一定夹角，分层界面的微损伤累积导致沿纤维方向微裂纹的萌生与扩展。

（2）复合材料Ⅱ型分层损伤演化可分为预分层裂纹尖端区域微损伤累积和分层不稳定扩展两个基本的过程。[0/0]复合材料试件分层界面宏观裂纹不稳定扩展对应较多高幅度、长持续时间的声发射信号。由于±45°方向纤维的作用，[0/45]和[+45/-45]复合材料试件不稳定分层扩展前，声发射撞击累积数较高，裂纹尖端区域微损伤程度更为严重，但整个破坏过程的声发射撞击累积总数低。

（3）利用声发射统计观点分析了基于微损伤累积复合材料Ⅱ型分层演化力学机制，结合声发射信号幅度谱空间动态描述了复合材料分层区域裂尖微损伤累积至宏观破坏的多尺度演化过程，明显表示出分层损伤多尺度相关性及阶段性。

4.3 单向复合材料分层损伤声发射信号小波分析

基于声发射信号波形数据和小波分析技术,获取单向复合材料Ⅰ型和Ⅱ型层间破坏的声发射响应特征,实现两种复合材料分层损伤模式的识别。

4.3.1 复合材料Ⅰ型和Ⅱ型层间破坏的声发射波形特征

首先获取复合材料Ⅰ型和Ⅱ型分层损伤破坏的声发射信号,并对波形信号进行预处理。采用"db5"小波对复合材料Ⅰ型分层试件加载破坏中的声发射信号波形进行尺度为5的小波分析重构,得到各级能量系数见表4-1。

表4-1 复合材料Ⅰ型分层试件的声发射信号各级能量系数

层数	cA5	cD5	cD4	cD3	cD2	cD1
能量分量	59.8453	341.8845	$1.7659×10^4$	$1.1179×10^4$	$1.6105×10^3$	39.7756
能谱系数	0.1937%	1.1068%	57.1673%	36.1897%	5.2137%	0.1288%

从表中可以看出,复合材料Ⅰ型分层试件加载破坏所产生声发射信号能量的93%集中在cD3层和cD4层,能量分量最大为$1.7659×10^4$。

同样采用"db5"小波对复合材料Ⅱ型分层试件加载破坏中的声发射信号波形进行尺度为5的小波分析重构,得到各级能量系数见表4-2。

表4-2 复合材料Ⅱ型分层试件的声发射信号各级能量系数

层数	cA5	cD5	cD4	cD3	cD2	cD1
能量分量	0.4828	3.4789	234.3031	310.6885	7.9044	0.1851
能谱系数	0.0867%	0.6245%	42.0620%	55.7746%	1.4190%	0.0332%

从表4-2可以看出,复合材料Ⅱ型分层试件加载破坏所产生的声发射能量的97%集中在cD3层和cD4层,能量分量最大为310.6885。

对比小波分解能量分量可以看出,复合材料Ⅰ型分层声发射最大能量分量为$1.7659×10^4$,而复合材料Ⅱ型分层为310.6885,Ⅰ型分层明显大于Ⅱ型分层。这是由于Ⅰ型分层缺陷演化过程中树脂基体开裂与玻璃纤维断裂同时发生,而Ⅱ型分层主要由单一损伤模式所致。

单向复合材料Ⅰ型分层损伤扩展的典型声发射信号波形和频率分布如图4-14所示。Ⅰ型分层损伤的声发射信号频谱有两个波峰,这是由于Ⅰ型分层属于"张开型"开裂,树脂基体的破坏与玻璃纤维断裂同时发生,两波峰即为基体与纤维破坏所对应的主要频率。

单向复合材料Ⅱ型分层损伤扩展的典型声发射信号波形和频率分布如图4-15所示。复合材料Ⅱ型分层损伤的声发射信号频谱只有一个波峰,损伤破坏模式相对单一。

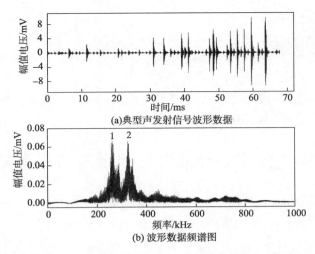

图 4-14　复合材料 I 型分层损伤扩展的典型声发射信号波形和频率分布

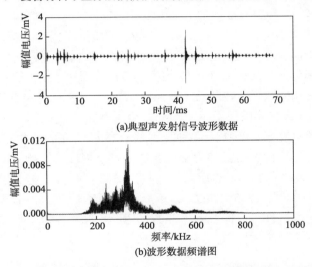

图 4-15　复合材料 II 型分层损伤扩展的典型声发射信号波形和频率分布

单向复合材料 I 型和 II 型层间破坏的声发射信号各项参数对比见表 4-3。分层损伤的模式不同，声发射信号的最大能量分量、最大能谱系数所在层、频谱波峰等存在一定差异，该规律可为复合材料分层损伤破坏在线监测和早期预警提供借鉴。

表 4-3　单向复合材料 I 型和 II 型层间破坏的声发射信号各项参数对比

分层类型	I 型	II 型
最大能量分量	1.7659×10^4	310.6885
最大能谱系数所在层	cD4	cD3
频谱波峰个数	2	1
频谱波峰所在频率/kHz	270、330	320

4.3.2 结论分析

（1）单向复合材料Ⅰ型分层在加载过程中基体与纤维同时破坏，频谱图上出现两个波峰；Ⅱ型分层只有单一损伤模式，频谱图上对应一个峰值，两种分层损伤模式的声发射信号最大能量分量有很大差异。

（2）通过频谱图可得分层损伤扩展的声发射信号主要频率，为复合材料在线监测中损伤破坏模式的识别提供借鉴。

4.4 含单个分层缺陷复合材料损伤演化声发射特性

4.4.1 试验材料及方法

含单个预制分层试验所用的试验件，根据预制分层大小分为两类：一种是12.5×25mm²的矩形分层；另一种是25×25mm²的矩形分层。含单个预制分层复合材料试件共有三类，包括无分层缺陷对比试件，一共有四类试验件。首先将10层单向玻璃纤维布（ECW600-1270，600g/m²）放置于平板模具上，将环氧树脂（ARaldite LY 1564 SP）和固化剂（Aradur 3486）按质量配比为100：34的比例充分混合，采用树脂回流真空循环方法灌注复合材料层合板。复合材料灌注成型后，在室温条件下固化48h后，置于干燥箱内100℃后固化12h，待降至室温后，将复合材料层合板切割成180×25mm²的长条形试件，复合材料层合板厚度为(3.8±0.1)mm，每类试验有效试件不少于5个。为了获得分层缺陷，预先将聚四氟乙烯薄膜置入复合材料层合板中。四种类型复合材料试件的结构如图4-16所示，研究预制分层大小、位置对试件力学性能和声发射特性的影响。试件A为无分层缺陷对比试件；将25×25mm²的矩形聚四氟乙烯薄膜放置于第2层与第3层中央位置，记为试件B；将12.5×25mm²的矩形聚四氟乙烯薄膜放置于第5层与第6层中央位置，记为试件C；将25×25mm²的矩形聚四氟乙烯薄膜放置于第5层与第6层中央位置，记为试件D。

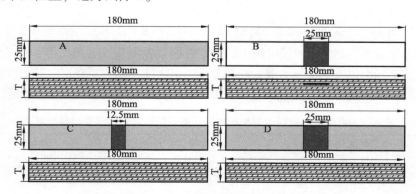

图4-16 含单个预制分层复合材料试件示意图

含预制分层复合材料试件的单轴向压缩实验在 CMT5305 型万能拉压试验机上进行，采用位移控制方式加载，压缩加载速率设定为 0.5mm/min。上下夹具夹持长度均为 60mm，试件的有效测量距离为 60mm。在试件压缩加载过程中，采用 DS2-8A 型全波形声发射仪获取试件损伤的声发射信号。使用一个宽频带 RS-54A 型的声发射传感器（频率范围为 100~900kHz）固定在波导杆上，将波导杆用 502 胶水固定在试件上，传感器与波导杆之间涂抹高真空硅脂，保证良好的声耦合。为了消除机械与电磁噪声干扰的影响，将声发射信号的采集门槛设置为 10mV（40dB），采样频率为 3MHz。

4.4.2 含单个预制分层试验件力学性能分析

四种复合材料试件压缩载荷–位移曲线如图 4-17 所示。试件 A、B、C 和 D 的平均失效载荷分别为 27.43kN、12.17kN、22.04kN、14.74kN，对应的标准偏差分别为 0.930kN、0.756kN、1.157kN、0.787kN。含预制分层试验件的承载能力变小，最大载荷均小于无分层损伤复合材料试件。对比试件 B 和 D，当分层尺寸相同时，分层缺陷接近表面的试件承载能力较低。从图中也可以看出，试件 B 的刚度明显降低。

对比试件 C 和 D，当分层位置相同时，分层尺寸较大的试件承载能力较低。在初始载荷阶段，试件 A 没有明显的弯曲；随着载

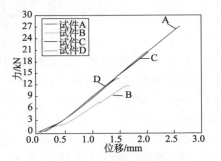

图 4-17　四种复合材料试件
载荷–位移曲线

荷的增加，弯曲程度略有增加；当载荷临近失效载荷时，试件 A 瞬时屈曲失效。试件 C 和 D 在失效前没有明显的分层扩展，并且刚度与试件 A 接近，但承载能力显著降低。当载荷增加到约 7kN 时，试件 B 的载荷曲线突然下降，这是由于试件 B 存在薄子层且出现了分层扩展。但是较厚的子层可以继续承受载荷，并没有达到失效载荷，载荷将继续增加，直到试件 B 压缩失稳破坏。

图 4-18 显示了复合材料试件的压缩屈曲行为。在加载过程中，试件 A 略微弯曲。当载荷临近失效载荷时，试件 A 出现瞬时断裂和分层，如图 4-18（a）所示。与试件 A 相比，试件 B 表现出明显的屈曲和分层，如图 4-18（b）所示。试件 B 在压缩载荷下保持稳定，直到较薄的子层出现明显分层。在达到破坏载荷时，较厚的子层发生断裂，较薄的子层分层加剧。从图 4-18（c）和（d）中可以看出，试件 C 和试件 D 中部有明显的分层现象，并伴有子层断裂。

试件 D 的分层比试件 C 的分层更严重，分层损伤贯穿整个试件。相反，试件 C 的分层仅出现在试件中间，并且引起试件 D 分层的载荷低于试件 C 的载荷。试件 B 和 D 的损伤基本相同，均为纤维断裂和明显的分层现象。不同之处在于试件 B 的薄子层首先出现显著的分层现象，然后较厚的子层断裂。然而，试件 D 同时出现分层和子层断裂。

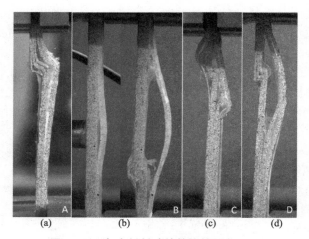

(a)   (b)   (c)   (d)

图 4-18 复合材料试件的压缩屈曲行为

4.4.3 含单个预制分层复合材料声发射分析

复合材料试件的声发射幅度和撞击累积数随时间变化如图 4-19 所示。在初始阶段，只有很少的低幅度信号，声发射撞击累积数上升较慢。这个阶段采集的声发射信号基本上是噪声信号。从图 4-19(a)中可以看出，随时间增加，试件 A 相继出现幅度超过 70dB 的声发射信号，这与复合材料试件损伤程度明显增加有关。在 300s 左右，声发射信号的数量迅速增加并且幅度普遍偏高，这表明试件 A 即将压缩屈曲失稳破坏。

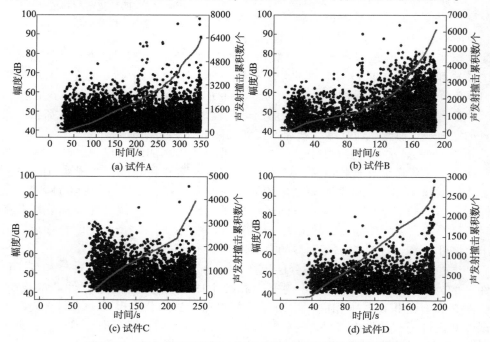

图 4-19 复合材料试件的声发射幅度-撞击累积数-时间历程

与试件 A 相比，图 4-19(c)和(d)中所示的试件 C 和 D 有相似的现象，达到载荷峰值时，产生高幅度的声发射信号。在 110s 左右，试件 B 的声发射信号的数量突然上升，如图 4-19(b)所示。结合图 4-17 中试件 B 的载荷曲线，可以发现在薄子层发生分层时，产生了大量的声发射信号，并且试件 B 在相同的时间量内产生了最多的声发射信号。然而，声发射信号的单一特征参数不能充分反映真实的声发射响应行为，声发射信号需要多参数分析处理。

4.4.4 含单个预制分层复合材料声发射信号聚类分析

声发射传感器可以输出峰值幅度、峰值频率、持续时间、上升时间、能量、计数、RA 值(上升时间除以峰值振幅)和质心频率等多个声发射特征参数。基于 k-means 聚类算法，选取峰值幅度、峰值频率和 RA 值等三个主成分进行声发射信号的聚类分析。图 4-20 显示了 DB 和 Sil 指数评估的最优聚类数，所有类型试件的最佳聚类数为 3。

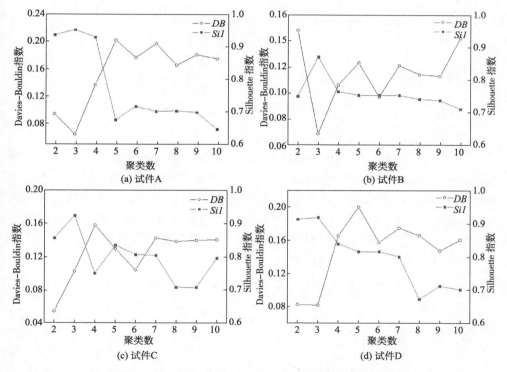

图 4-20 Davies-Bouldin 和 Silhouette 指数评估的最优聚类数

峰值幅度和峰值频率是声发射信号最重要的两个特征参数。图 4-21 显示了声发射信号按峰值幅度和峰值频率分为三类，分别命名为 CL1、CL2 和 CL3。三类信号在所有试件中的分布是相似的，CL1 具有较低的峰值频率，CL2 的峰值频率较高，CL3 具有最高的峰值频率。CL1 和 CL2 的峰值幅度变化范围很宽，但CL3 中的大部分声发射信号都是较低的峰值幅度。相应地，CL1 对应于基体开裂模式，CL2 对应于纤维/基体脱粘模式，CL3 对应于分层和纤维断裂模式，并且分层和纤维断裂的峰值幅度相对较低。

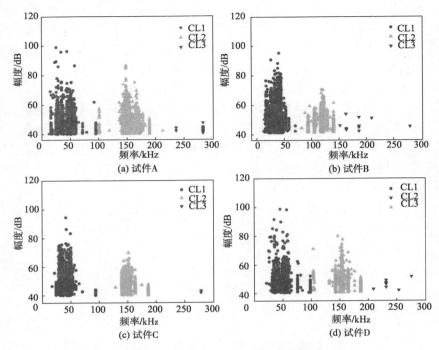

图 4-21 声发射信号按峰值幅度和峰值频率分为三类

在复合材料试件分层损伤过程中，会产生大量高幅度的声发射信号。造成这种现象的原因是分层包含基体开裂、纤维脱粘和纤维断裂等其他的破坏机制，不同的损伤模式同时发生，声发射信号被叠加，进而导致高幅度的声发射信号产生。表 4-4 列出了各类复合材料试件的聚类边界和声发射信号数目，图 4-22 显示了典型试件的声发射信号频率分布。

表 4-4　各类复合材料试件的聚类边界和声发射信号数目

试件 A	峰值幅度/ dB	峰值频率/ kHz	数量	试件 B	峰值幅度/ dB	峰值频率/ kHz	数量
CL1	40.1~98.9	11.7~93.8	1571	CL1	40.1~96.5	12.4~70.3	5147
CL2	40.1~86.9	98.8~210.9	4923	CL2	40.1~69.9	82.0~146.5	984
CL3	40.6~47.5	234.4~281.3	17	CL3	41.1~52.9	163.3~281.3	14
试件 C	峰值幅度/ dB	峰值频率/ kHz	数量	试件 D	峰值幅度/ dB	峰值频率/ kHz	数量
CL1	40.1~94.3	16.1~93.8	2417	CL1	40.1~98.5	12.6~93.8	1307
CL2	40.1~70.0	128.9~187.5	1489	CL2	40.1~79.6	99.6~187.5	1458
CL3	41.7~43.1	281.3	3	CL3	41.7~51.5	210.9~281.3	8

从图 4-21(a)、图 4-22(a)和表 4-4 可以看出,试件 A 的声发射信号被分成三类。CL1 中的大部分声发射信号在 0~55kHz 的范围内,具有较低的峰值频率。CL2 的峰值频率在 140~190kHz 范围内,峰值频率略高。CL3 的峰值频率在 230~280kHz 的变化范围内。从图 4-21(b)和图 4-22(b)可以看出,试件 B 的声发射信号被分成三类。CL1 中的大多数声发射信号在 0~50kHz 范围内,具有较低的峰值频率。CL2 的峰值频率在 100~150kHz 范围内,峰值频率略高。CL3 具有 160kHz 以上的高峰值频率。从图 4-21(c)和图 4-22(c)可以看出,试件 C 的声发射信号被分成三类,CL1 在 0~50kHz 范围内,具有较低的峰值频率。CL2 的峰值频率在 140~190kHz 范围内,峰值频率略高。CL3 具有 280kHz 以上的高峰值频率。从图 4-21(d)和图 4-22(d)可以看出,试件 D 的声发射信号被分成三类,CL1 在 0~50kHz 范围内,具有较低的峰值频率。CL2 的峰值频率在 140~190kHz 范围内,峰值频率略高。CL3 在 200~250kHz 范围内,具有很高的峰值频率。根据典型复合材料试件的比较分析来看,分层对纤维断裂损伤模式的特征频率有一定的影响。

典型复合材料试件压缩载荷和峰值频率随时间变化关系如图 4-23 所示。由图中可以看出,基体开裂和纤维/基体脱粘损伤模式基本同时发生。在到达失效载荷前,分层的损伤累积导致高峰值频率信号的出现。试件失效时,出现较高的

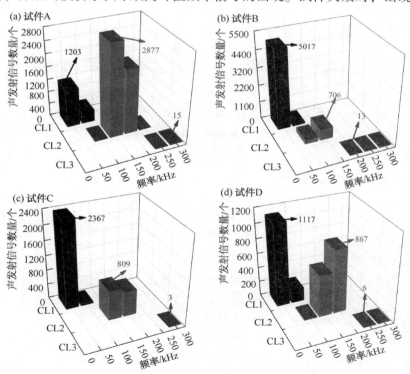

图 4-22　典型试件的声发射信号频率分布

峰值频率信号,同时出现三种损伤模式。结合聚类分析的 CL3,分层声发射信号的特征是峰值频率高、幅度小。试件 B 的分层损伤扩展最早,高峰值频率的声发射信号产生得较早。伴随着分层扩展,高峰值频率的声发射信号不断出现。对于图 4-23(a)所示的试件 A,载荷增加到约 20kN 时,高峰值频率的声发射信号开始出现。同样,当载荷增加到 20kN 时,试件 C 也出现高峰值频率的声发射信号,如图 4-23(c)所示。

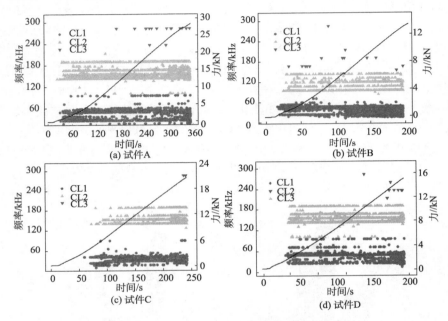

图 4-23　压缩载荷和峰值频率随时间变化关系

对于图 4-23(d)中的试件 D,大多数高峰值频率的声发射信号低于 250kHz,失效载荷约为 15kN。与试件 A、C 和 D 相比,试件 B 纤维断裂的声发射信号峰值频率最低,且出现得最早,如图 4-23(b)所示。这可归因于试件 B 存在薄子层,导致其承载能力降低。因此,分层缺陷会降低复合材料试件的承载能力,同时也会影响产生的声发射信号频率特征。

4.4.5　结论分析

(1)分层损伤缺陷导致复合材料力学性能下降。在复合材料分层缺陷大小相同的情况下,接近试件表面的分层对复合材料承载能力的影响更为严重。当复合材料分层缺陷位置相同时,分层尺寸较大的试件承载能力较低。

(2)根据 k-means 聚类分析,含预制分层复合材料压缩过程中的声发射信号可以分为三类:CL1、CL2、CL3,每类对应不同的模式。CL1 表示基体开裂模式,CL2 表示纤维脱粘模式,CL3 表示分层和纤维断裂模式。基体开裂的特征频率小于 60kHz,分层缺陷会降低试件的承载能力,影响分层扩展过程中声发射信号的频率特性。

4.5　复合材料多分层损伤演化声发射特性

4.5.1　试验材料及方法

试验采用真空灌注辅助成型工艺，将铺设整齐的 8 层玻璃纤维双轴向布[E-DB800-1270(±45°)，800g/m²]制备成三种类型复合材料层合板。所用环氧树脂(Araldite LY 1564 SP)与固化剂(Aradur 3486)的质量比为 100∶34。灌注成型的复合材料层合板在室温环境下固化 48h，然后放置在 80 ℃的真空干燥箱内后固化 12h。复合材料层合板厚度为 4.5mm±0.1mm，最终被切割成尺寸为 180mm×20mm 的长条形试件。为了获得预制分层缺陷，在铺设玻璃纤维布的过程中，预先在相应铺层放置聚四氟乙烯薄膜。图 4-24 为三类复合材料试件结构示意图，试件 A 中不含预制分层缺陷，含预制分层大小分别为 10mm×20mm×0.05mm、20mm×20mm×0.05mm 和 40mm×20mm×0.05mm 的试件定义为试件 B 和 C。试件 B 中的分层缺陷依次位于第 5 层和第 6 层、第 6 层和第 7 层、第 7 层和第 8 层之间，试件 C 中的分层缺陷依次位于第 2 层和第 3 层、第 4 层和第 5 层、第 6 层和第 7 层之间，比较子层厚度、分层大小及位置对复合材料层合板力学性能和声发射信号响应特征的影响。为了降低机械噪声等对试验结果的影响，在试件两端粘贴等宽度的铝片。

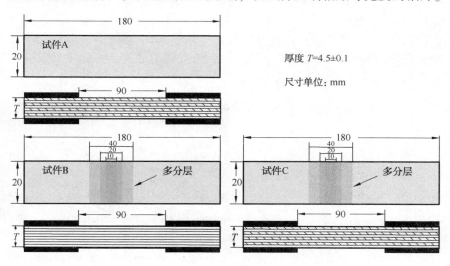

图 4-24　三类复合材料试件结构示意图

含多分层复合材料试件的压缩屈曲试验在 CMT5305 型万能拉压试验机上进行，加载速率为 0.5mm/min。试验采用一个 VS150-RIC 型传感器，监测加载过程中的分层损伤演化和压缩屈曲行为。通过多次试验，信号采集门槛定为 34dB，采样频率设为 5MHz。

4.5.2　复合材料多分层压缩屈曲失效力学性能

通过轴向压缩试验，获得复合材料压缩试件极限载荷和压缩力学性能。复合材料试件 A、B 和 C 的平均失效载荷分别为 4.25kN、2.87kN 和 2.80kN，相应的标准偏差分别为 0.253kN、0.058kN 和 0.13kN。图 4-25 为典型复合材料试件压缩载荷-位移曲线。

加载初始阶段，三种类型复合材料试件的压缩载荷与位移呈近似线性关系；复合材料试件 A、B 和 C 的最终失效载荷分别为 3.99kN、2.87kN 和 2.68kN。由于多分层缺陷的存在，试件 B 和 C 的最终失效载荷明显低于试件 A，多分层的存在明显降低了复合材料试件的力学性能，分层屈曲是导致含分层损伤复合材料层合板结构强度下降的主要原因。

一般情况下，屈曲破坏模式被分为整体对称屈曲模式、整体反对称屈曲模式、局部屈曲失效模式和混合屈曲失效模式四种。三种类型复合材料试件在压缩载荷下的屈曲行为如图 4-26 所示。由于试件 A 中不含分层缺陷，在压缩载荷作用下的屈曲破坏模式为整体对称屈曲模式或整体反对称屈曲模式。与试件 A 相比，试件 B 和试件 C 在加载初始阶段整个试件承受压缩载荷，直至尺寸为40mm×20mm 的分层张开，且屈曲破坏模式为局部屈曲。局部屈曲破坏模式将降低复合材料试件的力学性能，且当分层屈曲出现后，分层前沿的应力集中很可能造成子层复合材料本身的破坏，如纤维断裂、基体开裂等。这些破坏形式又将促进新的分层损伤出现，会导致试件内分层的不稳定扩展。由于试件 B 多分层的不稳定扩展，导致复合材料试件刚度明显下降。达到失效载荷之前，弯曲主导复合材料试件压缩变形，最后导致试件的混合屈曲失效模式。

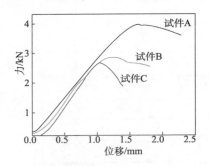

图 4-25　典型复合材料试件
压缩载荷-位移曲线

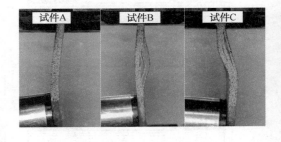

图 4-26　三种类型复合材料试件在
压缩载荷下的屈曲行为

4.5.3　复合材料多分层试件压缩屈曲声发射响应特征

复合材料试件的声发射特征信号幅度-持续时间-时间历程如图 4-27 所示。从图 4-27(a)可以看出，在加载初始阶段，获得较少幅度超过 55dB 的声发射信号，且其相对应的持续时间均低于 100μs。随着压缩载荷的增加，微损伤逐步累积，出现较多幅度超过 60dB 的声发射信号，此时对应的持续时间高于 100μs。

如图 4-27(b)和(c)，与试件 A 相比较，在压缩失效损伤演化过程阶段，含多分层复合材料试件 B 和 C 均获得大量声发射信号，其信号幅度范围为 60~80dB，与之相应的持续时间也维持在较高水平(超过 200μs)。这一现象揭示了含多分层复合材料试件的损伤演化行为，试件 B 和 C 较早获得大量幅度超过 80dB 的声发射信号，多分层的存在加速了复合材料试件的损伤演化与失效。比较图 4-27(b)和(c)，对于含预制多分层损伤的试件 B 和试件 C，在分层损伤演化过程中，试件 B 获得较多幅度在 60~80dB 之间的声发射信号。这表明多分层损伤的存在对复合材料试件的声发射信号幅度分布、持续时间有明显影响。

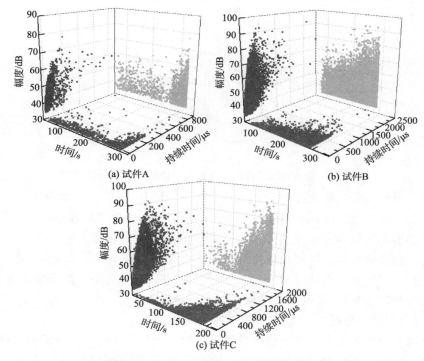

(a) 试件A   (b) 试件B

(c) 试件C

图 4-27 复合材料试件的声发射特征信号幅度-持续时间-时间历程

复合材料试件的声发射相对能量-载荷-时间历程如图 4-28 所示。从图 4-28 (a)可以看出，在加载初始阶段，复合材料试件 A 没有产生明显的微损伤，声发射相对能量维持在较低水平；随着压缩载荷的增大，声发射相对能量值显著增大；当压缩载荷达到最终屈曲载荷时，声发射相对能量最大值约为 145。如图 4-28(b)和(c)，与试件 A 相比，试件 B 和 C 中存在多分层缺陷。在压缩屈曲过程中，较早获得相对能量高于 150 的声发射信号，并且典型复合材料试件 B 和 C 的最大声发射相对能量值分别为 2210 和 1006。

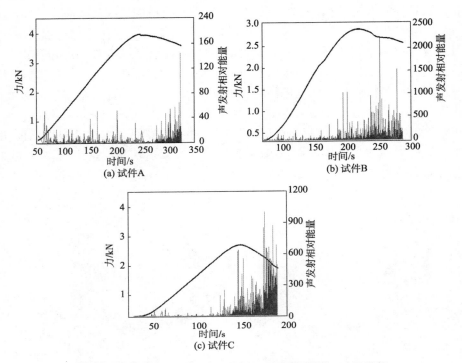

图 4-28　复合材料试件的声发射相对能量-载荷-时间历程

含多分层复合材料试件 C 比试件 B 声发射相对能量低，这是由于试件 B 拥有较薄的子层厚度，试件 C 的子层较厚。当复合材料试件子层较厚时，复合材料层合板结构不易发生分层屈曲，其在压缩载荷没有达到分层屈曲临界载荷之前，就已经达到复合材料试件失稳破坏极限。试验结果表明，声发射幅度分布、相对能量和持续时间都可以描述复合材料多分层试件损伤的萌生、累积和扩展过程，评价复合材料多分层试件的失效机制。

4.5.4　结论分析

针对不同类型多分层复合材料试件的声发射特征参数变化，分别对其声发射信号相对能量、幅度分布和持续时间等响应特征进行对比研究。

（1）复合材料结构多分层损伤的大小、位置及子层厚度将显著影响复合材料试件压缩屈曲载荷的大小。多分层复合材料试件压缩屈曲过程可以分为三个阶段：分层张开、局部屈曲和整体屈曲失效。

（2）声发射信号幅度、持续时间和相对能量等特征参数可以表征多分层复合材料试件损伤的萌生、累积与扩展过程。由于多分层损伤的存在，含预制多分层复合材料试件在损伤演化过程中，声发射信号幅度超过 60dB，持续时间超过 200μs，相对能量超过 150。

第5章　复合材料胶接界面损伤声发射检测

5.1　复合材料单搭接接头损伤声发射特性

5.1.1　复合材料单搭接接头研究意义

随着复合材料产业的飞速发展，胶接技术在航空航天、风电等领域得到广泛应用。如大型风电叶片就是在主模具上把上下壳体、主梁及其他部件胶接组装后，合模加压固化形成整体叶片。但由于胶接结构强度相对较低，且受胶接工艺影响因素复杂，导致其强度的不稳定性，从而引起复合材料整体结构的损伤和失稳破坏。为此，胶接接头的强度、刚度等力学性能是胶接结构研究的重点。

近年来，国内外相关学者对复合材料胶接接头，尤其是单搭接胶接接头，进行了相关理论、试验研究和有限元数值分析，并将胶接结构力学分析模型分为基于有限元应力分析、基于断裂力学和基于损伤力学模型三类。裂纹的萌生与扩展过程伴随着能量释放，通过实时记录的声发射特征信号可有效描述复合材料胶接接头的损伤破坏机制。为此，可对单向拉伸载荷作用下复合材料单搭接胶接接头的剪切破坏力学性能进行试验，采用声发射技术全程监测胶接接头加载破坏过程，确定胶接结构的力学响应行为及其对应的声发射特征信号，揭示不同搭接长度的胶接接头损伤演化破坏规律及其声发射响应行为，为风电叶片等复合材料胶接结构的损伤破坏研究提供参考。

5.1.2　试件制备和声发射监测

试验采用真空灌注的方式获取玻璃纤维单向复合材料，单向玻璃纤维布（ECW600-1270，600g/m²）铺设 10 层，环氧树脂（Araldite LY 1564 SP）和固化剂（Aradur 3486）的质量配比为 100：34。将复合材料单向板切割成宽度为 25mm 的长条；采用丙酮溶液清洗搭接区表面后，均匀涂抹环氧结构胶粘剂（Araldite 4854 A/B），胶层厚度约为 0.4mm，搭接长度分别为 10mm、20mm 和 30mm，胶接试件整体长度为 240mm。待胶层基本凝固后，升温至 80℃，后固化 8h，自然冷却。

复合材料单搭接胶接接头的力学性能试验在 CMT5305 型万能拉压试验机上进行，实验加载采用位移控制，加载速率设定为 2mm/min。在力学加载的同时，采用声发射仪实时获取复合材料试件整个损伤破坏过程的声发射信号。图 5-1 为试件加载与探头布置。对应每种搭接长度，有效试件个数不低于 5 个。为保证胶接面正好处于载荷作用线上和避免试验机夹具损坏试件，在胶接试件两端粘接补偿块和铝加强片。探头与试件之间要用高真空油脂耦合，最后用胶带固定，保证探头与试件充分接触。

试验采用 2 个声发射传感器，频带宽度为 100 ~ 450kHz，中心频率为 150kHz，间距为 100mm。传感器与试件之间用高真空油脂耦合，最后用胶带固定。试验过程中声发射信号采样频率设定为 5MHz，门槛为 40dB。

5.1.3 力学性能与破坏特征

胶接试件失效载荷和平均剪切应力与搭接长度对应关系如图 5-2 所示。

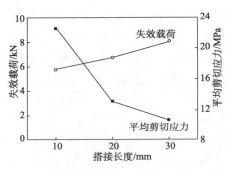

图 5-1 试件加载与探头布置   图 5-2 胶接试件失效载荷和平均剪切
                            应力与搭接长度对应关系

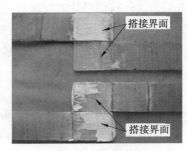

图 5-3 胶接试件破坏特征

当单搭接胶接接头搭接长度由 10mm 增加至 20mm 和 30mm 时，胶接试件的失效载荷由 5.748kN 分别增加至 6.735kN 和 8.058kN，平均剪切应力由 22.63MPa 分别降至 13.07MPa 和 10.7MPa。力学试验结果表明，胶接接头承载能力随搭接长度的增加不断上升的同时，平均剪切应力逐渐降低，与复合材料单搭接接头拉伸性能的有限元分析结果吻合。这表明随搭接长度的增加，引起的受力不均匀性增加。损伤易发生在胶层边缘应力集中区域，该部位的损伤破坏迅速扩展至整个胶接界面。

图 5-3 为典型的胶接界面破坏特征，从图中可以看出，胶接接头界面破坏为主导模式。

胶接接头同时伴有胶层自身的破坏和单向板部分纤维破坏。这表明胶接界面的强度要低于胶层自身的强度，胶层边缘应力集中区域弱界面的早期损伤进而引发整个胶层的破坏。

5.1.4 声发射特征信号分析

不同搭接长度试件拉伸载荷和声发射相对能量随时间的变化曲线如图 5-4 所示。

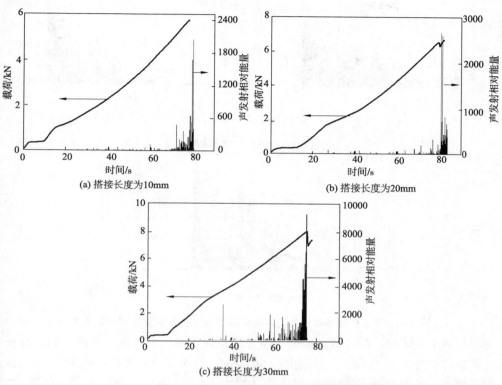

图 5-4 不同搭接长度试件拉伸载荷和声发射相对能量随时间的变化曲线

从图 5-4(a)可以看出，胶接试件加载初期，由于承载面内损伤较少，声发射相对能量处于较低的水平；随外载荷的逐渐增加，声发射事件逐渐增多，直至胶接面开裂破坏，此时声发射相对能量达到 2037。与图 5-4(a)相比，图 5-4(b)和(c)搭接长度为 20mm 和 30mm 的胶接试件，对应声发射相对能量最大值分别增至 2680 和 9280，这与图 5-3 中出现纤维破坏相关的较高相对能量声发射信号对应。尤其是搭接长度为 30mm 的胶接试件，一定能量的声发射信号出现得较早。这是由于随着胶层搭接面积的增大，产生的受力不均匀性增加，胶层边缘应力集中更明显，从而出现较多的声发射信号。

图 5-5 为不同搭接长度试件的声发射幅度和撞击累积随时间变化曲线。

如图 5-5(a)，显示了搭接长度为 10mm 试件的声发射撞击累积和幅度随时间分布规律，大致将胶接试件的损伤破坏过程可大致分为初始演化和破坏两个阶段。搭接长度为 10mm 试件，在初始演化阶段，声发射信号幅度较低，声发射撞

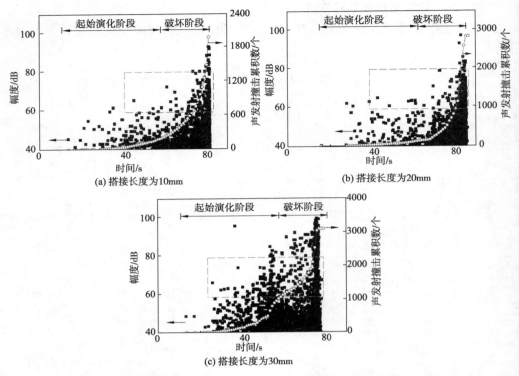

图 5-5 不同搭接长度试件的声发射幅度和撞击累积随时间变化曲线

击累积数变化缓慢。随外载荷增加，撞击累积数出现一个明显上升的过程，直至胶接试件的界面开裂破坏，且幅度在 60～80dB 的声发射信号（矩形虚框内区域）明显增多，这是由于大量的微损伤引发的胶层宏观破坏。与图 5-5(a) 相比，图 5-5(b) 和(c) 对应搭接长度为 20mm 和 30mm 胶接试件的声发射撞击累积数明显增加，尤其是搭接长度为 30mm 胶接试件，起始演化阶段，幅度在 60～80dB 的声发射信号明显增多；并伴有大量超过 85dB 的声发射信号，这与图 5-3 中单向板基体内部分纤维的破坏有关。上述结果进一步表明，胶层界面应力集中区域损伤及其引发的整个胶层破坏过程与对应的声发射信号相关，从而为胶接结构的无损评价提供参考。

5.1.5 结论分析

（1）随搭接长度的增加，引起单搭接胶接接头的受力不均匀性增加，损伤易发生在胶层边缘应力集中区域，胶接接头承载能力不断上升的同时，平均剪切应力逐渐降低。

（2）随搭接长度的增加，胶层边缘应力集中更明显，从而出现较多的声发射信号。幅度在 60～80dB 的声发射信号明显增多，并伴有大量超过 85dB 的与单向板基体内部分纤维破坏相关的声发射信号，声发射撞击累积数有上升趋势。

（3）复合材料胶接结构检测中，可结合声发射相对能量、幅度分布等声发射信号来评价胶接结构的早期损伤和进行健康监测。

5.2　复合材料胶接缺陷损伤演化声发射特性

复合材料胶接接头是复合材料结构构件的一种常见连接方式，有缺陷的胶接接头强度低是胶接技术在实际应用中严重的限制之一。由于胶粘剂和复合材料层压板的性能限制，胶粘剂复合接头含有裂纹、脱粘等各种潜在缺陷。因此，研究具有胶接缺陷的复合材料接头的力学性能和损伤机理具有重要意义。

上节主要介绍了搭接长度对胶接试件性能的影响，研究了在力学试验下不同长度搭接试件的声发射特性及破坏损伤演化规律。本节则通过拉伸试验研究了具有胶接缺陷的单搭接复合材料接头的剪切性能，对有缺陷的胶结单搭接复合材料接头的动态损伤进行了研究，分析了缺陷位置对试件剪切性能的影响，并采用声发射技术对损伤过程进行实时评估。

5.2.1　复合材料胶接试件制备和声发射监测

试验通过真空灌注的方式制备复合材料，铺设 10 层单向玻璃纤维布（ECW600-1270，600g/m²）后，将质量配比为 100：34 的环氧树脂（Araldite LY 1564 SP）和固化剂（Aradur 3486）充分混合、脱泡后，真空灌注到模具中。然后将复合材料层合板切割成 130mm × 25mm 的矩形长条，厚度为 4mm，搭接区域的长度为 20mm，胶层厚度约为 0.4mm。最后，将粘接好的单搭接接头试件在室温环境中放置 24h。

采用聚四氟乙烯薄膜作为胶层预制缺陷，其尺寸为 10mm × 5mm，为了对比缺陷对单搭接接头力学性能和声发射行为的影响，分别设置了无缺陷、缺陷在中间、缺陷在边缘三种形式的单搭接接头试件，分别记为试件 A、试件 B 和试件 C。为了防止在加载时试件的弯曲，在层板两端端固定厚度为 4mm 的试块。图5-6 为单搭接接头试件示意图，每种形式的有效试件不少于 5 个。

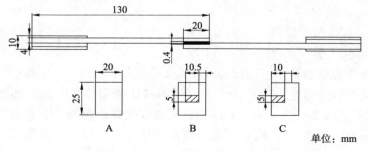

图 5-6　单搭接接头试件示意图

单搭接接头试件的加载与声发射监测如图 5-7 所示，对三种单搭接接头试件进行试验。拉伸试验在 CMT5305 型万能拉压试验机上进行，采用位移控制加载方式，加载速率为 2mm/min，同时采用 AMSY-5 型声发射仪监测加载破坏的全过程。将两个 VS150-RIC 型传感器用胶带固定在试件表面上采集声发射信号，并均匀涂抹真空油脂作为耦合剂，两个传感器之间的距离为 60mm。为了减少机械摩擦等噪声对有用声发射信号采集的影响，信号采集门槛设为 40dB，采样频率为 5MHz。每次加载前，进行断铅实验来验证线性声发射源位置，确保传感器的耦合效果。通过断铅实验得到声发射信号在试件上的传播速度约为 3200m/s，衰减为 1~1.6dB/cm。

5.2.2 复合接头的力学性能分析

图 5-8 为典型的单搭接接头试件载荷和时间的关系曲线，三种单搭接接头试件的载荷随时间变化曲线基本表现为线性关系，随着损伤的不断积累，接头最终被破坏。

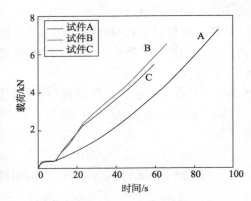

图 5-7　单搭接接头试件的
加载与声发射监测

图 5-8　单搭接接头试件载荷随时间变化曲线

单搭接接头试件的失效剪切强度计算为：

$$\tau = \frac{F}{WL} \tag{5-1}$$

式中　τ——胶层剪切应力；
　　　F——失效载荷；
　　　W——接头胶层宽度；
　　　L——接头胶层长度。

表 5-1 为复合材料单搭接接头试件的失效载荷，试件 A、B 和 C 的平均失效载荷和平均失效剪切应力逐渐降低，三种单搭接接头的失效载荷标准差均低于 0.5kN。此外，表 5-2 为复合材料单搭接试件失效载荷单因素方差分析，通过组间的对比，均为 $P<0.05$，具有显著的统计学意义。拉伸试验结果表明，胶层内不同位置的缺陷对复合材料单搭接接头试件的失效载荷和剪切强度有显著影响。

96

表 5-1　复合材料单搭接接头所有试件的失效载荷

试件形式	载荷/kN					平均值	
	试件 1	试件 2	试件 3	试件 4	试件 5	载荷/kN	剪切应力/MPa
试件 A	7.46	7.70	7.35	7.39	6.68	7.32	14.64
试件 B	6.88	6.62	6.77	5.90	6.41	6.52	13.04
试件 C	4.82	5.53	6.03	5.41	5.73	5.50	11.00

表 5-2　复合材料单搭接接头试件失效载荷单因素方差分析

差异源	SS	df	MS	F	P-value	F crit
组间	8.245813	2	4.122907	24.95001	$5.30814×10^{-5}$	3.885294
组内	1.98296	12	0.165247			
总计	10.22877	14				

图 5-9 为单搭接接头试件的平均失效载荷和剪切强度, 从图中可以看出, 无缺陷单搭接接头试件 A 的剪切强度要高于含缺陷的试件 B 和试件 C, 缺陷在中间的试件 B 剪切强度又高于缺陷在边缘的试件 C。结果表明, 胶层内缺陷导致单搭接接头承载能力降低, 缺陷的位置对于单搭接接头的承载能力也起着至关重要的作用, 随着缺陷从中间移至边缘, 引起的受力不均匀性增加, 胶层边缘的应力集中更加明显, 其胶层的剪切强度逐渐降低, 胶层边缘的损伤迅速扩展至整个胶接接头, 引起胶接接头的整体破坏。

图 5-10 为单搭接接头试件胶层破坏特征图, 可以看出粘附破坏是其主要的破坏模式, 这是由于被粘试件与胶黏剂的粘接强度低于胶层自身的强度。此外, 少量的内聚破坏发生在胶层边缘和缺陷边缘, 这是由于胶层边缘和缺陷边缘的应力集中导致了胶层自身的强度下降, 该区域的高应力集中是导致胶层损伤演化的主要原因。

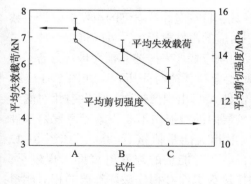

图 5-9　单搭接接头试件的
平均失效载荷和剪切强度

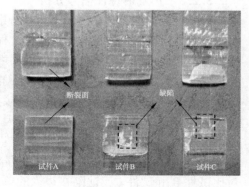

图 5-10　单搭接接头试件胶层破坏特征

图5-11为单搭接接头试件断裂面在扫描电子显微镜下的微结构特征，图5-11(a)~(c)中粘附破坏为胶层主要的破坏模式，同时伴有部分纤维断裂和基体开裂的失效。与此同时，图5-11(d)中胶层边缘和缺陷边缘出现了大面积的内聚破坏，验证了该区域确实存在较高的应力集中，为基于声发射信号特征参数的损伤机制分析研究提供了参考。

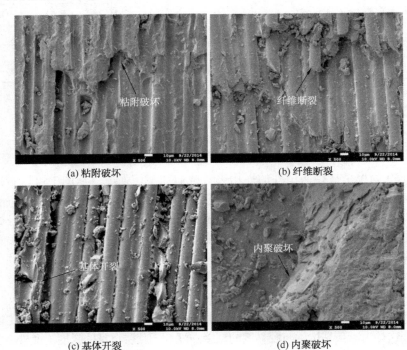

(a) 粘附破坏 (b) 纤维断裂

(c) 基体开裂 (d) 内聚破坏

图5-11　单搭接接头试件断裂面微结构特征

5.2.3　声发射特征信号分析

声发射相对能量、幅度分布、撞击累计数、持续时间等典型的声发射信号参数可以有效地反映单搭接接头损伤破坏过程中对应的声发射行为，可以将整个加载过程分为损伤演化阶段和破坏阶段，利用声发射响应特征来描述其损伤破坏过程。

图5-12为单搭接接头试件声发射相对能量和载荷时间历程。如图5-12(a)所示，在加载初期，无缺陷的单搭接接头试件A只出现微损伤，声发射相对能量一直处于较低的水平。随着载荷的增大，胶层内的微损伤不断积累，声发射事件逐渐增多直到接头完全破坏，此时，声发射相对能量值接近4000。如图5-12(b)和(c)，由于胶层内预制缺陷的存在，高相对能量的声发射事件出现较早，对比试件B和试件C，缺陷在边缘的单搭接接头试件C损伤破坏释放的相对能量更高，最大值约为8000。含缺陷的单搭接接头试件损伤破坏时释放的声发射能量高于无缺陷试件，且胶层内的预制缺陷导致了一定能量的声发射信号出现较早。

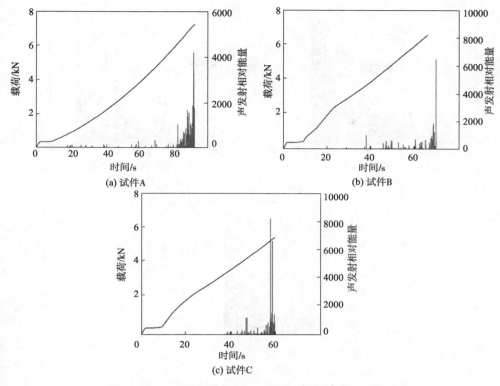

图 5-12　单搭接接头试件声发射相对能量-载荷-时间历程

复合材料单搭接接头损伤主要发生在胶层边缘和缺陷边缘附近等高应力集中区域，这说明胶层内的缺陷导致受力不均匀性增加，产生了更多高能量的声发射信号，从而导致了整个接头胶层的损伤破坏。

图 5-13 为复合材料单搭接接头试件的声发射幅度-撞击累计数-时间历程。如图 5-13(a)，对于无缺陷单搭接接头试件 A，在损伤演化阶段出现少量幅度在 60~80dB 的声发射信号；接头损伤积累到一定程度，加载进入破坏阶段，出现了较多幅度高于 80dB 声发射信号。

如图 5-13(b)和(c)，对于含预制缺陷的单搭接接头试件 B 和试件 C，在损伤演化阶段出现的幅度在 60~80dB 的声发射信号多于无缺陷试件 A，且缺陷在边缘的试件 C 幅度在 60~80dB 的声发射信号多于缺陷在中间的试件 B。对于接头的整个损伤破坏过程，缺陷的存在导致了承载能力的下降，从而降低了声发射信号的撞击累计数和最高幅度。对比试件 B 和 C，试件 C 的声发射撞击累计数少于试件 B。单搭接接头试件损伤破坏的声发射信号幅度分布和撞击累计数的分析结果验证了胶层内的预制缺陷降低了整个接头的承载能力，加大了胶层的应力集中现象，从而导致了接头的整体损伤破坏。

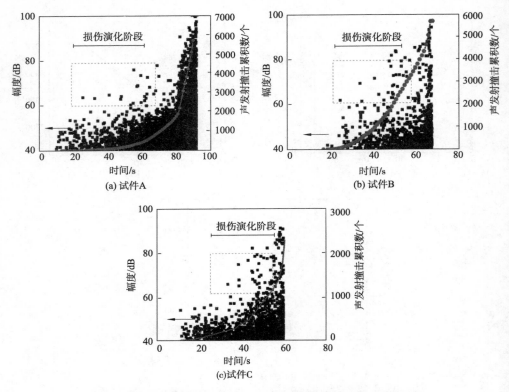

图 5-13　单搭接接头试件的声发射幅度-撞击累计数-时间历程

图 5-14 为单搭接接头试件线性声发射源定位结果。如图 5-14(a)所示，对于无缺陷的单搭接接头试件 A，接头的整个损伤破坏过程共产生 1077 个声发射源，且绝大多数在胶层边缘。如图 5-14(b)和(c)，由于预制缺陷的存在，缺陷在中间的单搭接接头的试件 B 损伤破坏时产生声发射源为 353 个，缺陷在边缘的试件 C 损伤破坏时产生的声发射源为 730 个。对于试件 B，由于缺陷预制在胶层的中间位置，在胶层中间位置只产生了少量的声发射源，裂纹从缺陷边缘开始萌生并扩展至搭接区末端，多数的声发射源产生在搭接区末端周边区域。对于试件 C，由于缺陷预制在搭接区一端的边缘，只有少量的声发射源产生在该区域，随着裂纹扩展至搭接区的另一端，在此区域产生了较多的声发射源。对于无缺陷试件 A，大多数声发射源产生在距离其中一个传感器 40mm 的位置，该区域为胶层边缘，验证了损伤主要是从边缘萌生并扩展，最终导致了接头整体破坏；对于含缺陷试件 B 和 C，大多数声发射源产生在缺陷边缘，并扩展至整个胶层。实验结果表明，损伤演化集中在胶层边缘，该区域在单搭接接头的损伤破坏过程中产生了大量的声发射源。同时，进一步证明了损伤主要产生在胶层边缘和缺陷边缘，最终导致单搭接接头的整体破坏。

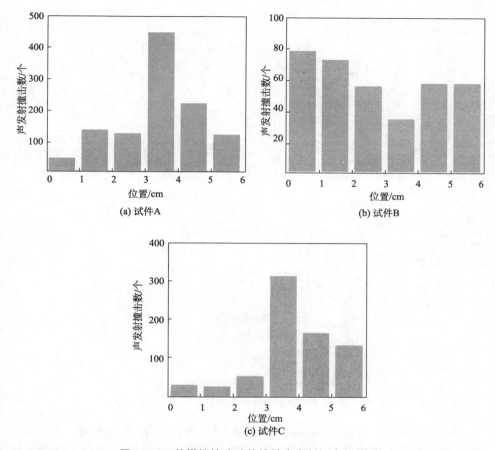

图5-14　单搭接接头试件线性声发射源定位结果

复合材料单搭接接头试件的声发射幅度和持续时间随时间的变化如图5-15所示。从图5-15(a)可以看出，无缺陷的单搭接接头试件A，在损伤演化阶段只有少量的幅度高于60dB的声发射信号，对应的持续时间也低于2000μs。随着载荷的不断增大，胶层内的微损伤开始不断积累，高幅度和持续时间的声发射信号开始不断产生。对比图5-15(b)和(c)，对于含缺陷试件B和C，在损伤演化阶段产生了越来越多的幅度在60~80dB的声发射信号。在破坏阶段，与试件B相比，由于缺陷在胶层边缘，试件C出现了较多的较长持续时间的声发射信号。实验结果证明，无缺陷和含缺陷的单搭接接头试件的声发射信号幅度分布和持续时间等特征参数表现出不同的特点，对于含缺陷试件的损伤演化阶段，幅度在60~80dB的声发射信号不断增加。声发射特征参数，尤其是声发射信号幅度分布情况，可用于评价单搭接接头胶层内缺胶、脱粘等缺陷情况。

5.2.4　结论分析

根据试验中复合材料单搭接接头不同试件的力学性能以及对应的声发射特征

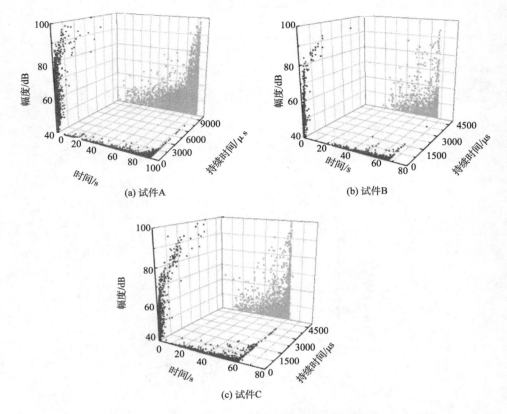

(a) 试件A

(b) 试件B

(c) 试件C

图 5-15 单搭接接头试件的声发射幅度和持续时间随时间的变化

参数变化，对比有无缺陷以及不同缺陷位置的声发射信号相对能量、幅度分布、撞击累计数、持续时间等响应特征，以及不同试件的声发射源定位情况。结果表明，胶接缺陷的位置对单搭接复合材料接头的抗剪强度具有一定的影响，且随着缺陷从中间移至边缘，受力不均匀性增加，胶层边缘的应力集中更加明显，胶层的剪切强度逐渐降低，胶层边缘损伤扩展更迅速。

（1）粘附破坏为复合材料单搭接接头的主要破坏模式，胶层内的预制缺陷降低了接头承载能力，增加了胶层的集中现象，同时也导致平均剪切应力降低。损伤主要发生在胶层边缘和缺陷边缘等高应力集中区域。

（2）单搭接接头的损伤破坏过程与其声发射信号的相对能量、幅度分布、撞击累计数、持续时间等特征参数相对应。对于无缺陷的试件，声发射信号的相对能量和幅度均较低；对于含缺陷的试件，声发射信号相对能量较高，且在其损伤演化阶段，幅度在 60~80dB 的信号多于无缺陷的试件。此外，预制缺陷的位置能通过线性声发射源定位结果来确定。

5.3　复合材料柱壳拉伸损伤声发射特性

风电叶片根部是将叶片和机组轮毂连接在一起的重要结构，如图5-16所示。风电叶片根部的金属螺栓一般采用胶接方式预埋形成柱壳结构，叶根部位的破坏也是风电叶片的主要失效形式之一。这是由于叶根承受的交变载荷最大，同时应力集中也较为明显，叶根连接结构应具有足够的强度和刚度。因此，通过模拟风电叶片叶根连接结构，对金属/复合材料柱壳胶接接头进行拉伸、扭转

图5-16　风电叶片根部结构图

加载破坏，并采用声发射技术全过程实时监测，研究柱壳胶接试件的拉伸和扭转损伤演化行为，结合扫描电子显微镜观察其破坏面的微观结构，揭示不同胶接长度、不同螺栓直径对其损伤破坏规律及声发射响应特征的影响，对确保风电叶片健康服役具有重要意义。

本节通过金属/玻璃钢柱壳试件拉伸过程的声发射监测，研究其不同胶接长度的拉伸力学性能和声发射响应特征。

5.3.1　柱壳试件制备和声发射监测

金属/玻璃钢复合材料柱壳试件的柱体材料为42CrMoA钢，直径为28mm；壳体材料采用玻璃纤维单轴向布（ECW600-1270，600g/m²）和玻璃纤维双轴向布［E-DB800-1270（±45°），800g/m²］，两种玻璃纤维布裁剪成尺寸为200mm×200mm矩形块。所用环氧树脂（Araldite LY 1564 SP）与固化剂（Aradur 3486）的质量比为100∶34。

采用手糊成型的方式，将裁剪的单向和多轴向纤维布交替缠绕在金属螺栓上，室温固化48h，干燥箱内80℃后固化12h，得到内径为30mm、壁厚为10mm左右的壳体。然后对壳体内表面进行加工清洗，柱体和壳体对齐后，注入相同的环氧树脂胶液，固化获得金属/玻璃钢柱壳试件，胶层厚度约为1mm，胶接接头的长度分别为20mm和40mm。

金属/玻璃钢柱壳试件的拉伸试验在CMT5305型万能拉压试验机上完成，采用位移加载控制，加载速率为2mm/min，匀速单向拉伸。在柱壳试件拉伸过程中，同时用AMSY-5全波形声发射仪实时监测并采集整个拉伸过程中的声发射信号。对于两种不同的胶接长度，有效试件不低于6组。试件加载过程中，用一个VS150-RIC型传感器采集声发射信号，传感器用胶带固定在金属螺栓上，用高真

空油脂作为耦合剂，传感器与胶接接头上边缘的距离为 55mm。该传感器的内置前置放大器的增益为 34dB，频带宽度为 100~450kHz，中心频率为 150kHz。采样频率设为 5MHz，信号的采集阈值提高到 46dB。金属/玻璃钢柱壳试件拉伸加载与声发射监测如图 5-17 所示。

5.3.2 柱壳拉伸力学性能分析

图 5-18 为金属/玻璃钢柱壳试件拉伸试验的载荷–时间曲线。从图中可以看出，胶接长度为 40mm 的试件承受的最大载荷为 37.2kN，失效强度为 52.7MPa，胶接长度为 20mm 的试件承受的最大载荷为 25.3kN，失效强度为 35.8MPa。从开始加载到螺栓与壳体完全脱离的过程中，载荷–时间曲线总体表现为线性；当加载到一定载荷时，胶接接头被破坏，螺栓与壳体完全脱离。在拉伸加载过程中，两种试件基本表现为线性破坏，但胶接长度为 40mm 的试件承受的最大载荷大于胶接长度为 20mm 的试件，这是由于胶接长度决定着胶层本身的承载能力。因此，加大胶接长度，能有效增强金属/玻璃钢柱壳试件的力学承载。

图 5-17　金属/玻璃钢柱壳试件拉伸
加载与声发射监测

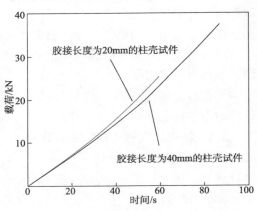

图 5-18　柱壳试件拉伸载荷随时间变化曲线

图 5-19　金属/玻璃钢柱壳试件
拉伸破坏结构特征

金属/玻璃钢柱壳试件拉伸破坏特征如图 5-19 所示，柱壳试件胶接接头界面外观基本光滑平整，损伤大多发生在胶层边缘应力集中处，该应力集中处的损伤引起整个胶接接头的破坏，胶黏剂的内部和壳体纤维只有少许的损伤破坏，这是因为胶接接头的强度要低于胶黏剂自身的强度，柱壳试件胶接接头的主要失效模式为界面破坏。

5.3.3 柱壳试件拉伸响应声发射特征

图 5-20 为金属/玻璃钢柱壳试件加载过程中声发射信号撞击累积和幅度随时间的变化，根据声发射撞击累积数和幅度的变化情况，可将整个过程分为起始演化阶段和破坏阶段。从图 5-20(a) 中可知，胶接长度为 40mm 的试件在起始演化阶段出现的声发射信号幅度大部分低于 70dB，声发射撞击累积数变换缓慢；随着载荷的增加，加载进入拉脱破坏阶段，此时胶接接头开始出现明显损伤，出现了大量的声发射信号，幅度高于 80dB 的开始增多，最高达 99.8dB，声发射撞击累积个数急剧增加，直至胶接接头完全拉脱。与图 5-20(a) 相比，图 5-20(b) 中起始演化阶段的声发射信号更少，且幅度较低，大部分低于 60dB；进入破坏拉脱阶段，声发射信号开始明显增加，出现了少量幅度大于 80dB 的声发射信号；整个加载过程中，声发射撞击累积数明显少于胶接长度为 40mm 的试件。

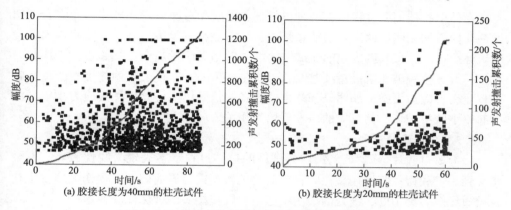

(a) 胶接长度为40mm的柱壳试件 (b) 胶接长度为20mm的柱壳试件

图 5-20　声发射信号撞击累积和幅度随时间变化

两种柱壳拉伸试件对应的声发射信号幅度和撞击累积数变化规律大致相同，但胶接长度为 40mm 试件的声发射事件明显更多，加载过程中的信号幅度和撞击累积个数均高于胶接长度为 20mm 的试件，这也与壳体纤维的少许破坏有关。胶接长度越大，对应的声发射事件越多，撞击累积个数越高，信号的幅度越高。

图 5-21 为金属/玻璃钢柱壳试件拉伸载荷与声发射相对能量随时间的变化关系。从图 5-21(a) 中可以看出，由于胶接接头并无损伤，胶接长度为 40mm 的试件在加载的初始阶段未出现明显的声发射能量释放；随着载荷的继续增加，20s 过后，进入拉脱破坏阶段，声发射事件越来越多，其相对能量越来越高，直至胶接接头完全拉脱，此时对应的声发射相对能量最高，数值为 323000，整个柱壳拉伸破坏过程持续 87s。如图 5-21(b)，胶接长度为 20mm 的试件在拉伸初始阶段未产生明显的声发射信号；随着载荷的继续增加，在 20s 后，进入拉脱破坏阶段，开始出现明显的声发射事件，但其相对能量数值远低于胶接长度为 40mm 的试件，直至胶接接头完全拉脱，才出现较高相对能量的声发射事件，此时对应的

最高相对能量为 186240，整个拉伸过程持续 62s。

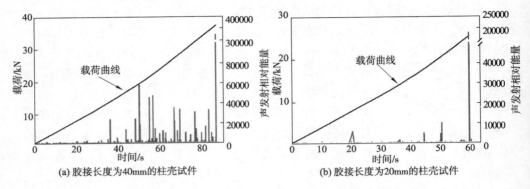

图 5-21　柱壳试件拉伸载荷与声发射相对能量随时间变化

　　在整个拉伸加载过程中，两种试件的声发射相对能量变化规律大致吻合，初始演化阶段均无明显的声发射能量释放；随着载荷的增大，在 20s 左右进入了拉脱破坏阶段，胶接长度为 40mm 试件的声发射相对能量高于胶接长度为 20mm 的试件，且在拉脱破坏阶段持续时间长，这是因为随着胶接长度的增加，胶接接触面积变大，应力集中更加明显，产生的声发射信号更多，胶接接头应力集中区域引起整个胶层破坏与其对应的声发射信号相关。

5.3.4　结论分析

　　（1）风电叶片金属/玻璃钢柱壳试件的拉伸过程基本表现为线性破坏，直至增大到一定载荷，胶接接头拉脱，接头的失效模式为界面破坏，损伤大多发生在胶层边缘应力集中处，该处的损伤引起整个胶接接头的破坏。

　　（2）两种胶接长度的试件在初始阶段出现低幅度的声发射信号，其相对能量较低，撞击累积数少；进入拉脱破坏阶段，声发射事件明显增多，出现高幅度信号，撞击累积个数持续增多，对应较高的声发射相对能量。加大胶接长度，能有效增强金属/玻璃钢柱壳试件的承载能力。

　　（3）在整个拉脱加载过程中，较大的胶接长度对应的声发射信号幅度和相对能量较高、撞击累积个数较多。声发射信号的动态变化特征可作为复合材料柱壳结构安全评估的参考。

5.4　复合材料柱壳扭转损伤声发射特性

　　在金属/复合材料柱壳胶接面扭转损伤破坏研究中，对不同形式的柱壳试件进行扭转加载破坏及声发射监测，分析不同搭接长度和不同直径对柱壳扭转性能及相对应声发射行为的影响。此外，采用有限元分析对柱壳扭转破坏进行数值模拟，分析其胶接面的应力分布。

5.4.1　柱壳扭转试件制备和声发射监测

将玻璃纤维单向布（ECW600－1270，600g/m²）和玻璃纤维双轴向布［E－DB800－1270（±45°），800g/m²］裁剪成 200mm × 200mm 的正方形，所用的环氧树脂（Araldite LY 1564 SP）与固化剂（Aradur 3486）的质量比为 100：34。采用手糊成型的方式将单向和多轴向纤维布依次缠绕在金属螺栓上，室温固化 24h，然后在干燥箱内 80℃固化 12h 后，得到厚度为 7mm 的复合材料壳体。

清洗壳体，将金属螺栓与其对准，灌入相同质量配比的环氧树脂与固化剂，胶层厚度约为 1mm，将粘接好的试件在室温环境中放置 24h，最终得到金属/复合材料柱壳扭转试件。图 5-22 为柱壳扭转试件的示意图，为了比较不同搭接长度和不同直径对柱壳扭转性能及相对应声发射行为的影响，分别制作了两类试件，各部分尺寸如图所示，每种形式的柱壳扭转有效试件不少于 4 个。

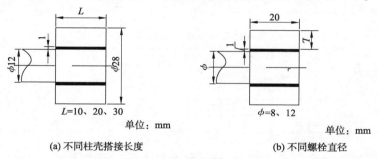

単位：mm　　　　　　　　　単位：mm

(a) 不同柱壳搭接长度　　　　　　(b) 不同螺栓直径

图 5-22　柱壳扭转试件示意图

金属/复合材料柱壳接头的扭转实验在 CTT502 型电子扭转试验机上加载，扭转角度速率为 10°/min，同时，采用 AMSY-5 声发射仪实时监测加载破坏的全过程。一个 VS150-RIC 型传感器被用来进行声发射监测，用胶带将其固定在金属螺栓上，高真空油脂作为耦合剂，传感器中心距接头边缘的距离约为 35mm。

传感器相关参数设置和前期实验相同，每次试验加载前，均进行断铅实验来确保传感器与柱壳扭转试件之间良好的声学耦合效果。

图 5-23 为柱壳接头扭转破坏加载与声发射监测现场，分别设置了两组对比实验，第一组为不同搭接长度金属/复合材料柱壳接头扭转破坏对比，选用柱壳接头扭转试件的搭接长度分别为 10mm、20mm和 30mm；第二组为不同螺栓直径金属/复合材料柱壳接头扭转破坏对比，选用柱壳接头扭转试件的螺栓直径分别为 8mm和 12mm。

图 5-23　柱壳接头扭转破坏
加载与声发射监测

5.4.2 柱壳扭转力学性能特征

不同搭接长度柱壳扭转试件的最大扭矩见表5-3，胶层的剪切应力见表5-4。当柱壳扭转试件的搭接长度由10mm增加至20mm和30mm时，平均最大扭矩由34.4 N·m增至51.8 N·m和73.4 N·m，平均剪切应力却由15.2 MPa降至11.5 MPa和10.8 MPa。三种搭接长度的柱壳扭转试件最大扭矩的标准差分别为2.3 N·m、2.6 N·m和5.5 N·m。

表5-3　不同搭接长度柱壳扭转试件的最大扭矩

搭接长度	最大扭矩/N·m				平均值/MPa
	试件1	试件2	试件3	试件4	
10mm	37.6	32.1	34.2	33.8	34.4
20mm	53.3	47.9	52.6	53.2	51.8
30mm	78.9	77.4	68.7	68.7	73.4

表5-4　不同搭接长度柱壳扭转试件的剪切应力

搭接长度	剪切强度/MPa				平均值/MPa
	试件1	试件2	试件3	试件4	
10mm	16.6	14.2	15.1	15.0	15.2
20mm	11.8	10.7	11.6	11.8	11.5
30mm	11.6	11.4	10.1	10.1	10.8

随着搭接长度的增加，柱壳扭转试件的失效扭矩随之增大，然而，平均剪切应力随之下降。这是由于搭接长度的增加导致胶层内应力的不均匀性增加，应力集中现象更加明显，导致平均剪切应力随搭接长度的增加而下降。由此可见，搭接长度影响柱壳扭转试件的失效扭矩和胶层内平均剪切应力的变化。

此外，螺栓直径的变化影响柱壳接头扭转破坏最大失效扭矩。螺栓直径为8mm的试件承受的最大失效扭矩为33.8N·m，直径为12mm的试件承受的最大失效扭矩为47.9N·m。这是由于螺栓直径的大小决定了柱壳胶接接头的承载能力。增大螺栓直径，能够提高金属/复合材料柱壳胶接接头的力学承载。

图5-24为柱壳扭转试件胶层破坏特征。从柱壳扭转试件胶接接头的破坏情况来看，内聚破坏为接头的主要破坏模式。同时，在复合材料壳体的内表面存在部分纤维断裂，这是由于扭转加载导致胶层本身的强度低于柱体和壳体的粘接强度。在整个扭转破坏过程中，损伤主要发生在胶层边缘应力集中处，并扩展至整个胶层。

随着螺栓半径的增大，柱壳胶接接头胶层内的应力集中越来越明显，对应的纤维破坏逐渐增多，胶层边缘应力集中区域的早期损伤引发整个胶层的破坏。

为了进一步描述柱壳扭转试件胶层的破坏情况，在扫描电子显微镜下观察的试件断裂面微观结构特征如图5-25所示。胶接接头的破坏同时伴随着纤维的断裂，由于胶层边缘的应力集中更加明显，在此区域有更多的纤维断裂。随着搭接长度的增加，应力集中现象更加明显，更多的纤维损伤发生在搭接长度为30mm试件的胶层中。

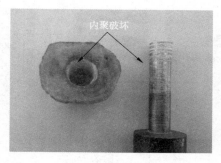

图5-24　柱壳扭转试件胶层破坏特征图

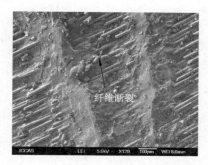

图5-25　柱壳扭转试件断裂面微观结构特征

5.4.3　声发射响应特征信号分析

声发射能量、幅度、撞击累计数、持续时间等相关参数反映了加载过程中声发射活动的特征，整个加载过程被分为了损伤演化阶段和破坏阶段。声发射参数可用来描述柱壳扭转试件胶接接头的损伤破坏过程。图5-26为不同搭接长度柱壳扭转试件的声发射相对能量和扭矩随时间的变化关系。在加载的损伤演化阶段只有少量的声发射信号，其相对能量也较低，随着扭矩的逐渐增大，声发射信号的相对能量突然持续增大，直到金属螺栓与复合材料壳体完全分离。当搭接长度由10mm增加至20mm和30mm时，声发射相对能量最大值从27700增至65100和215000。结合扭矩的变化情况，可以发现随着搭接长度的增加，柱壳扭转试件的声发射相对能量越高。

通过比较图5-26(a)~(c)，搭接长度为30mm的柱壳扭转试件破坏对应较高相对能量的声发射信号较多，而且该类声发射信号产生的较早，这与较长搭接长度的试件破坏对应着更多的纤维断裂有关。胶层内应力集中随着搭接长度的增大而增大，在破坏过程中产生了更多较高相对能量的声发射信号。

此外，不同螺栓直径的柱壳扭转破坏对应声发射相对能量的变化大致相同，在损伤演化阶段均无明显的声发射信号出现；随着扭矩的增大，损伤不断积累，声发射相对能量在胶接接头的破坏阶段增至最大。螺栓直径为12mm的试件破坏时对应的声发射相对能量远远大于螺栓直径为8mm的试件；螺栓直径越大，破坏时对应的声发射相对能量越高。

图5-27为不同搭接长度柱壳扭转试件的声发射幅度和撞击累计数随时间的变化关系。如图5-27(a)，搭接长度为10mm的柱壳扭转试件损伤演化阶段只产生了较少的声发射信号；随着扭矩的增加，加载进入了破坏阶段，在此阶段的声发射信号持续增多。对比图5-27(a)~(c)，随着搭接长度的增加，较多幅度在

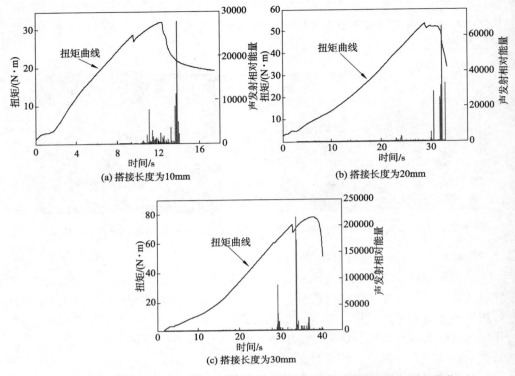

图 5-26　不同搭接长度柱壳扭转试件的声发射相对能量和扭矩随时间变化

60~80dB 的声发射信号产生在损伤演化阶段，较多幅度大于 80dB 的声发射信号产生在破坏阶段，尤其是图 5-27(c) 中搭接长度为 30mm 的柱壳扭转试件，更多的纤维断裂发生。随着搭接长度的增加，试件破坏过程中对应的声发射撞击累计数增多，柱壳扭转试件的破坏过程对应着声发射信号特征参数的变化。

此外，螺栓直径为 12mm 的试件加载过程的声发射撞击累计数远多于螺栓直径为 8mm 的试件。随螺栓直径的增大，胶接面积变大，应力集中现象导致胶层出现更多的损伤积累以及纤维基体破坏。随着螺栓直径的增大，应力集中更明显，从而出现较多的声发射信号。

图 5-28 为不同搭接长度柱壳扭转试件的声发射幅度和持续时间随时间的变化关系。如图 5-28(a)，搭接长度为 10mm 的柱壳扭转试件在损伤演化阶段的声发射信号持续时间相对较低。随搭接长度增加，损伤演化阶段产生了更多幅度在 60~80dB 的声发射信号，且对应的持续时间也增至 22000μs，幅度大于 80dB 的声发射信号逐渐增多，如图 5-28(b) 和(c)。

对比不同搭接长度柱壳扭转试件，在损伤演化阶段和破坏阶段的声发射信号幅度分布明显不同，且较高幅度的声发射信号对应着较长的持续时间。

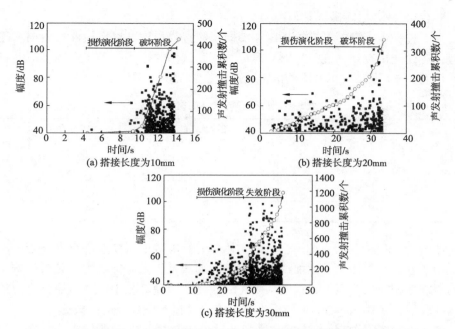

图 5-27　不同搭接长度柱壳扭转试件的声发射幅度和撞击累计数随时间变化

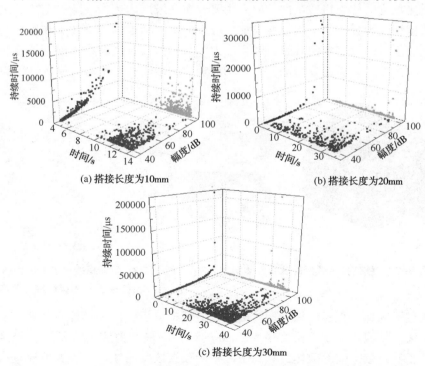

图 5-28　不同搭接长度柱壳扭转试件的声发射幅度和持续时间随时间变化

5.4.4 柱壳扭转破坏数值模拟分析

为了进一步研究不同搭接长度和不同螺栓直径的柱壳扭转试件加载损伤破坏行为，对柱壳扭转试件进行有限元模拟，柱壳试件的柱体、壳体和胶黏剂的材料特性见表5-5。图5-29为柱壳扭转试件的三维实体模型。

表 5-5　柱壳扭转试件的材料特性

	弹性模量 E /GPa			泊松比/ μ			剪切模量 G /GPa		
	E_1	E_2	E_3	μ_{12}	μ_{13}	μ_{23}	G_{12}	G_{13}	G_{23}
壳体	70	9.6	9.6	0.29	0.29	0.3	4.8	4.8	5
柱体	211			0.3					
胶黏剂	2.8			0.3					

如图5-29(a)所示，选择合适的实体单元和参数，对模型进行网格划分。根据试验条件，在壳体末端添加约束，扭矩的加载是将多对等效均布载荷沿着正负方向添加在相应的节点上，如图5-29(b)所示。金属螺栓上的载荷通过应力传递转移到胶层，采用 Von Mises 屈服准则判定柱壳扭转试件胶层的破坏。

图5-30为不同搭接长度的柱壳扭转试件沿搭接长度的剪切应力分布。对于三种搭接长度的柱壳扭转试件，应力主要分布在胶层内边缘。随着搭接长度的增加，其剪切应力分布的不均匀性增加，应力的最大值也逐渐增加，在胶层边缘产生了更加明显的应力集中现象。剪切应力沿着其搭接长度减小，随着搭接长度的增加，应力的最大值逐渐增加，但平均剪切应力减小，和试验结果较好地吻合。

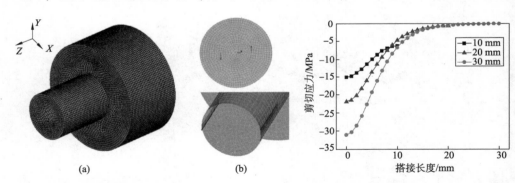

Y
Z X

(a) 　　　　　　　(b)

图 5-29　柱壳扭转试件的三维实体模型　　图 5-30　不同搭接长度的柱壳扭转试件
　　　　　　　　　　　　　　　　　　　　　　　　沿搭接长度的剪切应力分布

通过不同螺栓直径的柱壳扭转破坏数值模拟分析，发现螺栓直径为12mm的试件最大剪切应力大于螺栓直径为8mm的试件。最大剪应力值发生在胶接接头边缘处，导致接头端部破坏，从而引起整个胶接区域的破坏。随着螺栓直径的增大，应力集中更明显，损伤破坏对应着更多的声发射信号。

5.4.5 结论分析

根据不同搭接长度和不同螺栓直径的柱壳扭转破坏声发射监测，结合有限元模拟仿真，研究了柱壳扭转试件的损伤机制和声发射行为。

（1）金属/复合材料柱壳试件的扭转加载曲线基本表现为线性，主要的破坏模式为内聚破坏，且伴随着纤维断裂。增加搭接长度，柱壳接头的承载能力增加，剪切应力的最大值逐渐增加，但是平均剪切应力减小；增大螺栓直径，也能有效增加柱壳接头的承载能力，但应力集中更明显。柱壳扭转试件的损伤主要发生在胶层边缘区域，剪切应力沿着搭接长度减小，数值仿真结果与实验结果能够较好地吻合。

（2）金属/复合材料柱壳试件的扭转破坏与其声发射信号的相对能量、幅度分布、撞击累计数、持续时间等特征参数相对应。随着搭接长度和螺栓直径的增加，产生的声发射信号对应着较高相对能量和撞击累计数、较长的持续时间；较多的幅度在 60~80dB 的声发射信号产生在损伤演化阶段，较多的幅度在 80dB 以上的声发射信号产生在破坏阶段，以上现象与胶层内的纤维断裂有关。

碳纤维平纹编织复合材料具有高的比强度、比模量、耐疲劳和耐腐蚀等优越性能，广泛应用于航空航天、能源等领域。由于复合材料制造过程影响因素较多，导致其力学性能相对分散，力学演化与破坏行为不够明确。研究碳纤维平纹编织复合材料的损伤变形、动态演化行为与失效机理，对提高复合材料结构的可靠性与安全性具有重要的现实意义。

6.1 碳纤维平纹编织复合材料拉伸损伤声发射特性

基于声发射技术，全程监测碳纤维平纹编织复合材料拉伸损伤演化及破坏过程，实时获取损伤过程中的声发射特征信号，并结合复合材料试件断口破坏形貌，揭示碳纤维平纹编织复合材料拉伸损伤破坏及失效机理，为复合材料结构安全评价和健康监测提供参考。

6.1.1 复合材料试件制备与声发射监测

拉伸试验所用碳纤维平纹编织复合材料，是由 6 层 3K 正交编织的碳纤维平纹编织布铺层后经真空灌注成型制备而成，环氧树脂（Araldite LY 1564 SP）和固化剂（Aradur 3486）的质量比为 100：34。复合材料灌注成型后，室温固化 48h，干燥箱中 100℃后固化 8h，然后冷却至室温，按照试验要求切割加工获得 180mm×25mm 的长条形试件。为保护试件不受试验机夹具的损伤以及消除噪声

影响，在碳纤维复合材料试件两端粘接长度为 40mm 的等宽度铝片。碳纤维平纹编织复合材料拉伸试件如图 6-1 所示。

碳纤维平纹编织复合材料拉伸测试在 CMT5305 型万能拉压试验机上进行，采取位移控制方式，加载速率为 0.5mm/min。加载过程中，利用 DS2-8A 型的声发射仪监测复合材料试件损伤演化过程中的声发

图 6-1 碳纤维平纹编织复合材料拉伸试件

射响应。试验选用两个 RS-54A 型传感器进行声发射信号的采集，传感器间距为60mm，传感器与试件之间用高真空硅脂充分耦合。经过多次预实验，将声发射信号的初始采集门槛提高到 10mV（40dB），采样频率为 2.5MHz。

6.1.2 复合材料拉伸力学性能与声发射响应行为

碳纤维平纹编织复合材料试件的失效载荷见表 6-1，复合材料试件的最大和最小失效载荷分别为 21.11kN 和 17.85kN，失效载荷均值为 19.49kN，对应标准偏差为 1.36kN。碳纤维平纹编织复合材料试件表现为脆性断裂，断口较为整齐。

表 6-1　碳纤维平纹编织复合材料试件的失效载荷

项目	试件 1	试件 2	试件 3	试件 4	试件 5	均值	标准偏差
失效载荷/kN	21.11	20.12	18.29	17.85	20.07	19.49	1.36

典型复合材料试件拉伸载荷和声发射能量随时间变化如图 6-2 所示。从图中可以看出，复合材料试件从加载开始直到最终破坏，载荷随时间曲线表现为线性。同时，声发射能量总体表现为逐渐增加的趋势。加载的前 100s 内，复合材料试件表面损伤不明显；当加载到 150s 时，声发射能量升高，这可能与基体损伤有关；随着载荷的不断增加，声发射能量也逐渐升高；在 220～320s 范围内，复合材料试件损伤不断增加，出现较多高能量的声发射事件；当达到失效载荷时，复合材料试件断裂，声发射能量达到峰值 15641mV·ms。

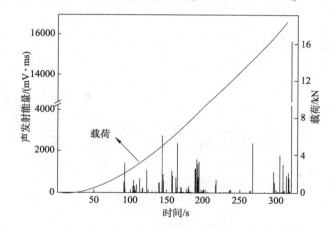

图 6-2　典型复合材料试件拉伸载荷和声发射能量随时间变化

典型复合材料试件拉伸加载过程中声发射信号幅度和撞击累积随时间变化如图 6-3 所示。复合材料试件损伤分为两个阶段：0～220s 为损伤累积阶段，220～320s 为损伤破坏阶段。

在开始加载的前 60s 内，声发射信号较少；当加载稳定后，出现部分高于60dB 的声发射信号，这可能与试件的基体损伤以及试件边缘纤维损伤有关，该阶段以 50~70dB 的低幅度信号为主，撞击累积数平稳上升；随着加载时间增加到 220s，进入损伤破坏阶段，50~60dB 的声发射事件明显增多，复合材料试件基体损伤加重，声发射撞击累积数急剧上升，并不断出现高幅度的声发射信号，直至试件的最终破坏。

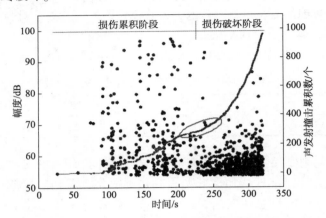

图 6-3　典型复合材料试件的声发射信号幅度和撞击累积随时间变化

典型复合材料试件在拉伸过程中的声发射信号持续时间-幅度-时间关系如图 6-4 所示。声发射信号的持续时间范围较大，覆盖到 20000μs。

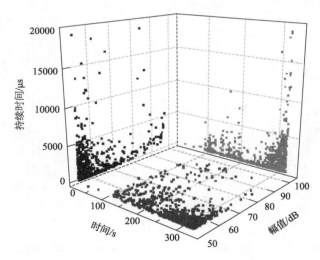

图 6-4　典型复合材料试件的声发射信号持续时间-幅度-时间关系

从持续时间随时间变化可以看出，持续时间存在两个峰值，第一个峰值在损伤累积阶段，另一个峰值则在破坏阶段末期。加载初始阶段，复合材料试件没有明显的损伤，声发射信号幅度较低，持续时间较短；随着载荷增加，高幅度的信号不断出现；当加载到 150s 时，持续时间迅速上升，出现大量的声发射事件，这与试件基体损伤程度加重有关；当加载到 200s 时，较高持续时间的声发射事件减少，直至试件最终破坏前，声发射信号的持续时间再次急剧升高。

在损伤累积阶段和破坏阶段的末期，基体开裂、纤维脱粘和纤维断裂同时发生，出现较多高幅度、高持续时间的声发射事件。可见，声发射信号的幅度、持续时间和撞击累积等特征参数能较好地描述复合材料试件损伤累积和破坏过程。

典型复合材料试件拉伸载荷-声发射累积能量-撞击累积数-时间关系如图 6-5 所示。通常，声发射累积能量和声发射撞击的变化分别与内部破坏活动和破坏机制相关。声发射累积能量在渐进损伤过程中不断增加，并且呈现两个拐点。

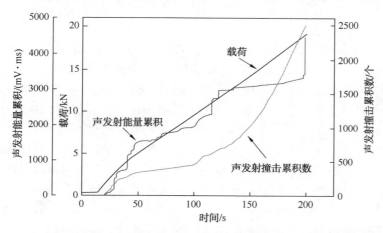

图 6-5　典型复合材料试件拉伸载荷-声发射累积能量-撞击累积数-时间关系

在第一个拐点处，声发射累积能量急剧增加，并且能量释放速率和声发射撞击数也相对较高，这归因于复合材料的微损伤和基体开裂。随后，声发射累积能量保持在一定水平，声发射撞击数逐渐增加，这与微损伤的累积和界面损伤有关。

当到达第二个拐点时，声发射累积能量增加，声发射撞击数和撞击速率急剧增加。在复合材料试件中发生了基体开裂、纤维/基体的剥离和纤维断裂等损伤演化行为。

6.1.3　基于 k-means 聚类和哨兵函数的声发射信号分析

（1）声发射信号的 k-means 聚类分析

复合材料试件失效载荷的 30%、60% 和 90% 对应声发射幅度和频率分布如图 6-6 所示。

可以通过声发射信号的幅度和峰值频率分布特性，区分不同的损伤模式，描述复合材料的渐进损伤过程。从图 6-6（a）可以看出，声发射信号的主要幅度范围在 55~65dB 之间，不同载荷条件在该幅度范围的拉伸损伤演化过程几乎是一致的。

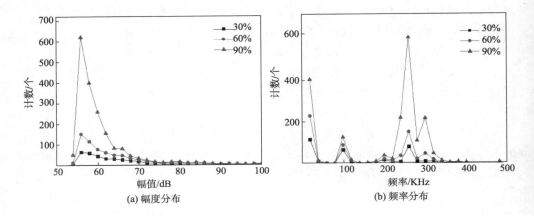

图6-6　复合材料试件失效载荷的30%、60%和90%对应声发射幅度和频率分布

如图6-6(b)所示，在30%的失效载荷下，不存在占据主导优势的声发射信号；在60%的失效载荷下，主频率在0~50kHz之间；随着拉伸载荷增加到失效载荷的90%时，主要频率分布范围在200~300kHz之间，呈现快速增加的趋势。此外，损伤达到一定程度，大于300kHz的高频声发射信号也明显增加。因此，相对于声发射信号的幅度分布，关于信号的频率变化能够有效地描述损伤模式变化对声发射信号的影响，可以作为k-means聚类方法中对损伤模式识别的依据。

声发射信号聚类分析的目的是根据它们之间的相似性，对信号进行分类。不同的分类与聚类技术的算法有关，一般基于目标函数进行区分。各种聚类分析算法的共同特点是检测数据中的基础结构，并寻找系统变量之间的关系，不仅用于分类和模式识别，还用于模型缩减和优化。声发射信号的k-means聚类算法基于欧式距离的迭代过程，使得所有数据和相应的聚类中心之间的总距离最小化，寻找相似的声发射信号组，并区分损伤引起的损伤模式。该方法由五个步骤组成：

① 输入群集数量，并对数据归一化处理。

② 每个类别的聚类中心以随机方式初始化。

③ 根据欧式距离，计算聚类中心和每个数据之间的距离。

④ 再次将每个数据分配给最近的集群。

⑤ 重新计算聚类中心的坐标，直到每个类别的聚类中心稳定并收敛；否则，重复上述步骤③至⑤，直到稳定并收敛。

在声发射信号特征的多变量分析之前，聚类的最佳数量和特征参数的合理选取，不仅能提高计算效率，同时也可以提高分类质量。与单个的声发射特征参数相比，声发射信号的相对能量、峰值频率、持续时间、峰值幅度、上升时间和质心频率等多信号参数分析能更好地反映复合材料的声发射响应行为。由于声发射特征参数之间的高度相关性，使得声发射信号的聚类质量有所下降。为此，一般将声发射信号的幅度、峰值频率、质心频率和RA值(上升时间/幅度)等作为特

征参数用于 k-means 聚类分析。

聚类的最佳数量由 Sil 指数确定，其变化范围从-1 到 1，取最大值时可以保证更好的聚类质量。典型复合材料试件拉伸的声发射信号聚类 Sil 指数随聚类数目的变化趋势如图 6-7 所示。从图中可以看出，聚类数目为 3 时，Sil 指数值最大。这表明聚类数目为 3 对于聚类分析是最优的。碳纤维平纹编织复合材料试件拉伸的声发射信号聚类结果如图 6-8 所示，将声发射信号分为

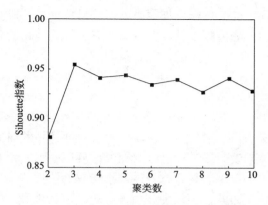

图 6-7　Silhouette 指数随聚类数目的变化趋势

CL-1、CL-2 和 CL-3 三类，图中的不规则五边形代表了声发射特征参数的平均值。从图中可以看出，声发射特征参数的聚类结果呈现较为明显的差异，这表明利用 k-means 聚类算法，对声发射信号进行分类，能够将相似的信号特征挑选出来，并合理归类。在拉伸损伤过程中，叠加的声发射信号存在一定的规律。

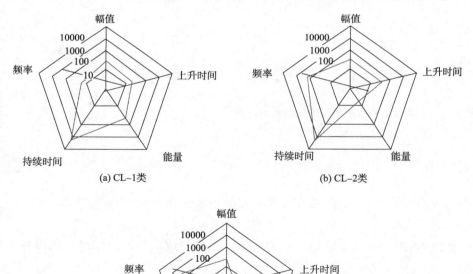

图 6-8　复合材料试件拉伸的声发射信号聚类结果

事实上，在建立复合材料试件拉伸的声发射信号特征参数与损伤破坏模式关系之前，选择合理的声发射信号特征进行模式识别是必不可少的步骤。一般情况下，峰值频率可以大致描述有关损伤演化的声发射信号特征，将特定的损伤破坏机制与三个类的信号相关联。

（2）基于哨兵函数的声发射信号分析

声发射信号的幅度、持续时间、上升时间和频率等参数特征可以从信号波形中获得。对于复合材料试件的损伤评估，不同的特征参数显示出不同的物理意义。声发射信号的幅度、上升时间、持续时间和频率与损伤模式相关，例如，基体开裂、纤维/基体脱粘和纤维断裂等。此外，声发射能量也可以用来描述碳纤维平纹编织复合材料试件损伤源的活性。

为此，哨兵函数描述了瞬时应变能和声发射能量之间动态平衡关系的变化，定义如下：

$$f(x) = Ln\left[\frac{E_s(x)}{E_a(x)}\right] \qquad (6-1)$$

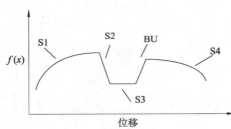

图6-9　哨兵函数曲线随位移变化的五种行为

其中 x、$E_s(x)$ 和 $E_a(x)$ 分别为位移、应变能量和声发射事件能量，该位移函数可以定义为五种不同的行为，如图6-9所示。

① 与应变能存储阶段相对应的应变能量增加趋势，记为S1。

② 哨兵函数的突然下降，表明损伤的出现促使释放储存的应变能，记为S2。

③ 材料损伤演化过程中产生的应变能储存和能量释放之间存在动态平衡，记为S3。

④ 材料内部的应变能储存大于能量释放，重新获得应变能的储存能力，记为BU。

⑤ 材料内部的应变能储存能力丧失，能量释放的加剧导致最终的破坏，记为S4。

典型复合材料试件拉伸的声发射信号聚类分析结果和哨兵函数的变化趋势如图6-10所示。从图6-10（a）可以看出，根据峰值频率将声发射信号分为CL-1、CL-2和CL-3三个类，CL-1和CL-2类同时出现在失效载荷的50％以下。该加载阶段，图6-10（b）中哨兵函数趋势由S1和S2构成，并且S2部分的突然下降，表明复合材料试件失去其储存应变能的能力，预示着复合材料试件内部某一损伤突然活跃。这种典型的声发射信号与基体开裂和纤维/基体脱粘有关。为了区分

CL-1 和 CL-2，可以依据复合材料基体开裂和纤维/基体脱粘的粘弹性松弛过程差异。峰值频率 f、松弛时间 t、弹性模量 E 和密度 p 之间的关系可以定义为：

$$f \sim \frac{1}{t} \sim \sqrt{\frac{E}{\rho}} \qquad (6-2)$$

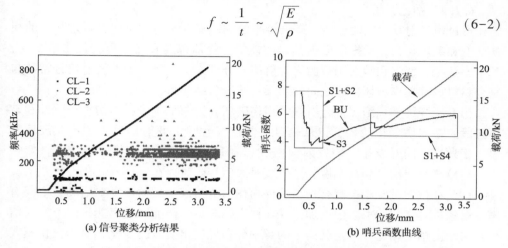

图 6-10   声发射信号聚类分析结果和哨兵函数的变化趋势

因此，基体开裂产生比纤维/基体脱粘更低的声发射信号频率带。0~100kHz 的低频 CL-1 类对应基体开裂、150~300kHz 的中频 CL-2 对应纤维/基体脱粘。拉伸载荷下，基体裂纹会引发复合材料界面失效的现象，可能导致复合材料局部区域的层间损伤与演化。随着外加载荷的继续增加，哨兵函数曲线由 S3 和 BU 组合构成，这表明复合材料试件恢复储存应变能的能力。在复合材料试件损伤破坏阶段，出现了峰值频率为 350~500kHz 的高频 CL-3 类声发射信号，这通常与纤维断裂损伤模式有关，并伴随着哨兵函数曲线的下降。虽然 CL-3 类声发射信号导致大量的应变能释放，但损伤的发展保持连续的哨兵函数曲线，这是由于小部分应变能释放是由纤维损伤引起的。

复合材料损伤机制对应声发射信号的频率范围如图 6-11 所示。三个类型的频率分布范围可以很好地反映复合材料试件的损伤破坏行为。结合图 6-10(a)，声发射信号的频率主要集中在 150~300kHz 的范围内，纤维/基体的脱粘与该频段相对应，并在复合材料试件的损伤破坏过程中起主导作用。

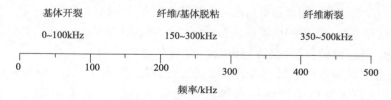

图 6-11   复合材料损伤机制对应声发射信号的频率范围

当应变能存储能力降低时，复合材料试件损伤演化加剧，作为哨兵功能的应变能存储能力与累积释放能量之比将减小，哨兵函数可以用于描述复合材料试件的损伤破坏行为。

6.1.4　结论分析

通过声发射技术实时监测了碳纤维平纹编织复合材料在拉伸测试过程中的损伤演变和破坏行为，根据声发射信号的能量、峰值幅度和频率等特征参数变化，基于 k-means 聚类和哨兵函数的声发射信号分析方法，建立了声发射信号特征与复合材料试件损伤破坏机理之间的联系，结论总结如下：

（1）碳纤维平纹编织复合材料的损伤破坏分为两个阶段：损伤累积阶段和破坏阶段。在损伤累积阶段，以低幅度、低持续时间声发射信号为主；在破坏阶段，多种损伤同时发生，声发射撞击数急剧升高，声发射能量逐渐增大，低幅度、高持续时间信号和高幅度、高持续时间信号同时存在。

（2）在拉伸试验中，复合材料试件损伤演变引起明显的声发射活动，主要有声发射累积能量和撞击数的增加，并在损伤临界点，伴随着较高能量的声发射信号；与峰值幅度相比，一定载荷下的频率分布呈现出明显的变化，对于损伤模式的识别具有较好的优越性。在失效载荷为 90% 时，声发射信号主频分布在 200~300kHz 范围内，表明此时复合材料的损伤是纤维/基体脱粘起主导作用。对比分析 k-means 聚类结果和哨兵函数变化曲线，基体开裂对应低频 0~100kHz、纤维/基体脱粘对应中频 150~300kHz、纤维断裂对应高频率 350~500kHz。哨兵函数曲线显示的复合材料存储应变能的能力反映了损伤程度和演变规律。

6.2　碳纤维平纹编织复合材料弯曲损伤声发射特性

碳纤维平纹编织复合材料在长期服役过程中，由于受到面外冲击，常常会出现基体开裂、纤维/基体脱粘、纤维失效等多种损伤。因此，研究弯曲载荷下平纹编织复合材料的力学性能和损伤破坏机理，对确保复合材料结构安全服役具有重要意义。

针对碳纤维平纹编织复合材料弯曲损伤，国内外学者进行了大量研究。本节首先利用两种传感器进行声发射信号的衰减测量，比较两种传感器的特性。在此基础上，利用声发射技术监测复合材料在弯曲载荷作用下的损伤破坏过程，研究复合材料损伤演化过程中的声发射响应特性，为复合材料的健康监测与无损评价提供基础。

6.2.1　复合材料试件制备与声发射检测方案

四点弯曲试验所用碳纤维平纹编织复合材料，是由 12 层 200mm×200mm 的 6K 正交编织的碳纤维平纹编织布铺层后经真空灌注成型制备而成，环氧树脂（Araldite LY 1564 SP）和固化剂（Aradur 3486）的质量比为 100 : 34。复合材料灌注成型后放置 48h，将其放入干燥箱中保持 100℃ 持续 8h 后固化，再冷却至室温。按照试验要求，将其切割成尺寸为 180mm × 25mm 的长条形试件。

以 $\phi 0.5mm$ 铅芯为模拟声发射源，利用 AMSY-5 声发射仪实时监测，并采集产生的声发射信号。分别选用 VS150-RIC 型谐振式传感器和 RS-54A 型宽频带传感器(频率范围为 100～900kHz)进行声发射监测，设定的采样频率为 10MHz，门槛值为 40dB。将两类声发射传感器分别置于距模拟声发射源 40mm、80mm、120mm 和 160mm 位置处，分别进行碳纤维平纹编织复合材料衰减的测量。

图 6-12 为复合材料试件四点弯曲试验操作示意图，根据试件的跨厚比为 32∶1 的试验标准，将试件跨距设置为 148mm。利用 DS2-8A 型的声发射仪实时监测，传感器放在试件两端并用胶带将其固定，凡士林耦合，传感器间距为 40mm，声发射信号采集门槛设置为 40dB，采样频率为 3MHz。试验采用位移控制加载，以 5.0mm/min 的速率连续进行弯曲试验。

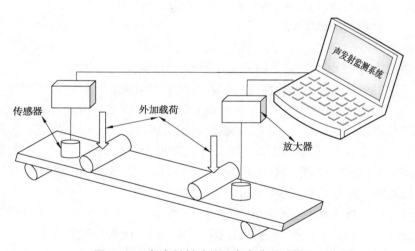

图 6-12　复合材料试件四点弯曲试验操作示意图

6.2.2　声发射信号的衰减测量

对应两种不同类型的声发射传感器，碳纤维平纹编织复合材料的声发射信号幅度随距离变化曲线如图 6-13 所示。试验结果表明，声发射信号的幅度随距离的增加表现出类似指数衰减的特征。从声发射传感器的信号衰减曲线来看，宽频带传感器对应声发射信号的幅度衰减明显小于谐振式传感器，而且多次重复测量下宽频带传感器对应的幅度

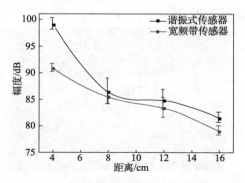

图 6-13　声发射信号幅度随距离变化曲线

123

相对于谐振式传感器误差较小。因此，宽频带传感器更适合进行碳纤维平纹编织复合材料四点弯曲试验的声发射监测与信号分析处理。

6.2.3 复合材料的力学性能

图 6-14 为典型碳纤维平纹编织复合材料试件四点弯曲试验的弯曲载荷和声发射

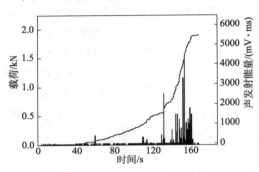

图 6-14 典型复合材料试件弯曲载荷和
能量随时间变化曲线

能量随时间变化曲线。复合材料试件的力学性能曲线表现出良好的线性特征；随着载荷的增加，复合材料试件在弯曲形变的过程中，损伤演化不断累积，沿纤维方向产生基体裂纹，基体内部出现纤维/基体脱粘、分层等损伤，这主要是由于层间的应力超过了粘结层的强度极限。在此过程中伴随着层间剥离和层间的粘结破坏，之后出现纤维/基体界面损伤、分层扩展、纤维断裂等损伤模式，直至复合材料试件完全失效破坏。复合材料试件弯曲失效载荷的均值为 1.78kN，标准偏差为 0.16kN，弯曲强度为 25MPa。

根据声发射能量随时间变化曲线，在碳纤维平纹编织复合材料试件弯曲加载的初始阶段，复合材料试件损伤较小，声发射能量水平较低，声发射事件数也较少；随着载荷增加，试件出现了一定的损伤累积，声发射能量逐渐提高，事件数也逐步增多；随着载荷的继续增加，损伤进一步累积；在 160s 左右，声发射能量急剧增高，此时，弯曲载荷接近 1.89kN，分层损伤扩展加剧，试件即将失效破坏，声发射能量达到峰值 5810.56mV·ms。

复合材料四点弯曲加载损伤特征如图 6-15 所示。图 6-15(a) 为复合材料试件侧面损伤形貌，可以看出明显的分层现象，其原因是随着外加载荷的增大，试件沿纤维方向会出现基体开裂，经过损伤加剧，从而产生分层扩展和纤维断裂等破坏，并最终导致试件弯曲失效。

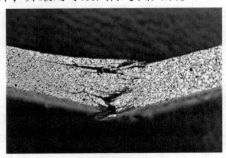

(a) 试件侧面损伤特征　　　　　　　　　　(b) 试件底部损伤特征

图 6-15 复合材料四点弯曲加载损伤特征

图 6-15(b)为试件底部损伤特征，试件下表面表现出明显的纤维拔出现象，这种破坏形式的出现是由于试件底部受到拉应力的作用。结合图 6-15(a)试件上表面出现明显的压溃，复合材料试件在四点弯曲试验中承受拉应力和压应力复杂应力的作用。

6.2.4 弯曲加载下复合材料的声发射分析

复合材料试件的声发射信号幅度和撞击累积随时间变化如图 6-16 所示。复合材料试件加载初期，变形较小，存在部分噪声的影响，仅有少量低幅度的声发射信号出现，撞击累积数曲线比较平缓；随着外加载荷的增加，产生一定的弯曲变形，损伤不断累积，试件表面开始开裂，出现部分幅度在 40~50dB 的声发射信号，撞击累积数逐步上升。加载至 120~160s 时，产生大量 70~100dB 高幅度的声发射信号，撞击累积数呈直线上升趋势，直至复合材料试件最终失效破坏，此时发生了分层、纤维断裂等多种损伤破坏形式。

复合材料试件的声发射信号持续时间和幅度随时间变化如图 6-17 所示。从声发射信号持续时间随时间变化可以看出，声发射信号的持续时间存在两个峰值，第一个峰值出现在 120s 左右，此时复合材料试件处于损伤累积阶段；另一个峰值出现在 160s 左右，此时复合材料试件即将发生失稳破坏。

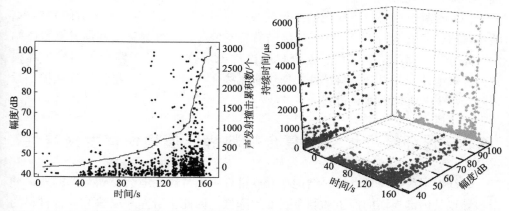

图 6-16 复合材料试件的声发射信号幅度和
撞击累积随时间变化

图 6-17 复合材料试件的声发射信号
持续时间和幅度随时间变化

复合材料试件加载初期，产生部分低幅度的声发射信号，持续时间在 1000μs 以下；随着外加载荷增大，声发射信号的持续时间也呈现上升的趋势。与此同时，信号幅度也在升高，出现大量高幅度的信号，持续时间的范围扩大至 1000~6000μs。这些高幅度、高持续时间声发射信号的产生，与复合材料试件的纤维/基体界面损伤、分层扩展、纤维断裂等破坏模式有关。可见，声发射信号的幅度、撞击累积数和持续时间等特征参数能较好地描述复合材料试件的损伤累积和失效破坏过程。

根据上述分析，利用声发射技术对碳纤维平纹编织复合材料在弯曲载荷下进行实时监测，在试件加载前期，复合材料无明显损伤出现，声发射信号较少；随着外加载荷的不断增加，声发射撞击数急剧增多，声发射能量逐渐升高，高幅度、高持续时间信号出现，相应的试件出现分层、纤维断裂等破坏，描述了试件从损伤累积到失效破坏的演化过程。

6.2.5 结论分析

采用声发射技术手段研究了碳纤维平纹编织复合材料声波衰减特性及其在弯曲载荷下的损伤演变行为，得到以下结论：

（1）通过声发射信号的衰减测量试验，发现声发射波在碳纤维平纹编织复合材料呈现类似指数衰减的特征，通过谐振式的声发射传感器和宽频带的声发射传感器检测特性的比较，验证了宽频带的声发射传感器在声发射信号监测与分析中的优势。

（2）在对碳纤维平纹编织复合材料弯曲加载的力学行为研究中发现，复合材料试件的力学性能曲线整体表现出良好的线性特征，随着加载的增大，复合材料试件内部的层间应力也会逐渐增大，损伤累积持续加剧，复合材料试件中出现基体开裂、纤维/基体界面损伤、分层、纤维断裂等损伤模式，这预示着复合材料试件的最终失效破坏。

（3）在复合材料试件加载的初始阶段，无明显损伤出现，声发射信号较少。随着弯曲载荷的不断增加，声发射撞击数急剧增多，声发射能量逐渐升高，高幅度、高持续时间的信号出现，复合材料试件出现分层、纤维断裂等损伤破坏模式，客观地认识到复合材料试件的损伤演化特征，揭示了复合材料试件从损伤累积到最终失效破坏的演化过程。

6.3　碳纤维平纹编织复合材料静压痕损伤声发射特性

碳纤维平纹编织复合材料结构在服役过程中不可避免地会受到意外的外部冲击，导致其内部损伤的产生和剩余强度的降低。因此，研究平纹编织复合材料的静态压痕和损伤演化行为，对复合材料结构的可靠服役具有重要的意义。

6.3.1　复合材料制备与声发射监测

静压痕损伤试验所用碳纤维平纹编织复合材料，是由 12 层 200mm × 200mm 的 6K 正交编织的碳纤维平纹编织布铺层后经真空灌注成型制备而成，环氧树脂（Araldite LY 1564 SP）和固化剂（Aradur 3486）的质量比为 100：34。复合材料灌注成型后，室温固化 48h，干燥箱中 100℃后固化 8h，然后冷却至室温，按照试验要求切割加工获得 180mm × 25mm 的长条形试件，复合材料厚度为(3.8±0.1)mm。

碳纤维平纹编织复合材料试件压痕试验装置如图 6-18 所示，产生静压痕的半球形压头直径为 12.7mm，压痕加载点在复合材料试件的中心，设定压入速率为 1mm/min。经过多次试验尝试，复合材料试件完全压溃时，对应的最大压缩载荷是 40kN。为此，分别选择 10kN、20kN 和 40kN 作为极限载荷进行静压痕损伤试验，对应的复合材料试件记作试件 F-10、试件 F-20 和试件 F-40。复合材料准静态压痕试验过程中，同时利用 DS2-8A 声发射仪实时监

图 6-18　复合材料试件压痕试验装置

测复合材料试件的声发射响应行为。试验采用两个 RS-54A 宽频带传感器进行信号采集，声发射信号采集门槛设置为 13mV(43dB)，采样频率为 3MHz。

6.3.2　复合材料静压痕损伤失效

复合材料试件的压痕损伤特征如图 6-19 所示。从图 6-19(a)可以看出，当压痕载荷从 10kN 增加到 20kN 和 40kN 时，相应试件的压痕损伤面积明显增大。图 6-19(b)~(d)分别为试件 F-10、试件 F-20 和试件 F-40 的局部区域压痕损伤放大图，试件 F-40 压痕损伤最严重。

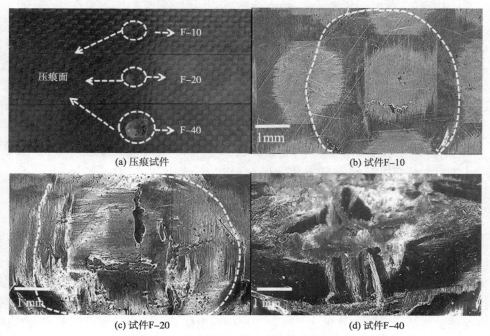

图 6-19　复合材料试件的压痕损伤特征

当压痕损伤极限载荷为 10kN 时，试件表面靠近压头附近出现初始压痕损伤，其凹痕形状在图 6-19(b)中用虚线标记，并且肉眼很难辨别压痕损伤的形成。当压痕损伤极限载荷为 20kN 时，可以明显发现试件 F-20 的表层压痕形态，并且观察到基体损伤，如图 6-19(c)所示。当压痕损伤极限载荷为 40kN 时，压痕损伤程度加剧，包括压痕面积和压痕深度的增加，并伴随着试件 F-40 的穿透现象发生，如图 6-19(d)所示。

为了描述复合材料试件压痕加载后的内部损伤状态，将试件沿压痕损伤区域横向切开，复合材料试件压痕损伤区域横截面结构损伤特征如图 6-20 所示，图 6-20(a)中用虚线标出了试件切割线。当压痕损伤极限载荷较小时，试件 F-10 压痕区域的横截面几乎没有损伤产生，纤维束基本完好，如图 6-20(b)所示。当压痕损伤极限载荷为 20kN 时，复合材料试件 F-20 的内部损伤明显加剧，除产生基体裂纹等损伤外，可以观察到明显的纤维束断裂，如图 6-20(c)所示。当压痕损伤极限载荷为 40kN 时，复合材料试件 F-40 内部的损伤出现多种损伤模式，包括纤维/基体脱粘、基体开裂和纤维断裂等，最终导致复合材料的穿透失效，如图 6-20(d)所示。

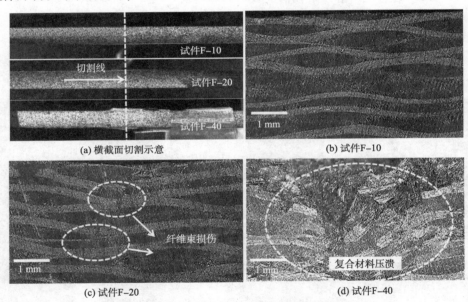

图 6-20　复合材料试件压痕损伤区域横截面结构损伤特征

6.3.3　复合材料压痕损伤的声发射行为

在复合材料准静态压痕损伤过程，采用声发射技术监测了压痕损伤演变行为。为深入讨论压痕损伤累积过程，将声发射信号的幅度、持续时间、能量和事件数等声发射特征参数挑选出来进行分析。由于复合材料试件 F-40 完全失效对应损伤破坏的声发射信号包含了所有类型压痕损伤动态演变过程，因此只分析试件 F-40 的声发射响应行为。复合材料试件压痕损伤过程载荷、声发射信号持续时间和幅度随时间变化如图 6-21 所示，图中不同的压痕损伤阶段被虚线分开，对应不同的压痕损伤极限载荷。从图 6-21(a)可以看出，准静态压痕加载大约30s 时，才出现声发射信号，随后相继产生一些持续时间相对较低的声发射信号，这与复合材料试件表面发生的基体开裂有关。随着压痕损伤的累积，声发射信号的持续时间呈现出明显的增加趋势，第一个峰对应的声发射信号的持续时间超过0.15s。在压痕载荷曲线上 22kN 左右出现拐点，同时伴随人耳可感知的声音产生。这种强烈的声发射活动和机械性能的变化与局部纤维断裂和分层损伤有关。随着压痕载荷的增加，声发射信号在持续时间出现短暂的平稳，这种现象形成的原因可以理解为早期损伤演化诱导复合材料试件产生大量的基体裂纹，从而导致试件的弛豫行为。随压痕载荷的继续增加，复合材料试件的应力重新分布，形成短暂的声发射活动性下降。在 200s 左右开始出现第二次声发射信号持续时间的升高，相对于第一次上升，该阶段上升幅度较高，损伤机制包括基体开裂、分层和纤维损伤等。在图 6-21(b)中，复合材料试件的声发射信号幅度对应的损伤发生时间和损伤增长点，与声发射信号的持续时间分布规律基本吻合。随着压痕载荷的继续增加，增加了高幅度的声发射信号发生率。

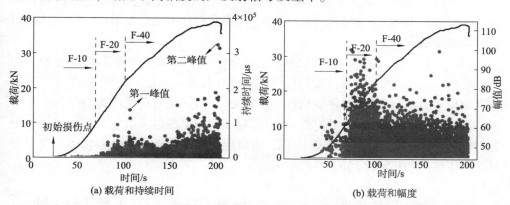

(a) 载荷和持续时间　　　　　　　(b) 载荷和幅度

图 6-21　复合材料试件压痕损伤过程载荷、声发射信号持续时间和幅度随时间变化

为了区分复合材料试件压痕损伤过程中的声发射行为，对其数据进行 k-means 聚类。复合材料试件压痕损伤的声发射信号频率分布和撞击累积随时间变化如图 6-22 所示。对于复合材料试件 F-40 压痕损伤的声发射响应，通过声发射信号的聚类分析，可以在时域上大体分为三个典型的阶段：0～50s、50～150s 和 150～210s。在第一个阶段，较低的压痕载荷产生

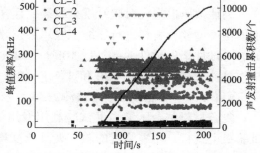

图 6-22　复合材料试件压痕损伤的声发射信号频率分布和撞击累积随时间变化

低频率分布的声发射事件，频率分布范围在 0~50kHz 的 CL-1 类声发射信号最先出现。在第二个阶段，随着压痕损伤的不断累积，伴随 CL-1、CL-2、CL-3 和 CL-4 类声发射信号的出现。CL-1 类声发射信号一般与基体开裂相关，CL-2 和 CL-3 类声发射信号几乎同时产生，其频率分布范围分别为 80~180kHz 和 200~280kHz，一般与纤维/基体脱粘和分层等损伤机制相关。CL-4 类的声发射事件数在第三阶段开始减少，并且该类声发射信号的变化趋势呈现稳定发展。CL-4 类对应声发射信号的频率分布范围为 350~500kHz，与纤维损伤有关。为此，基于声发射信号的时域特性和频率分布范围，可以建立特定的声发射信号特征与复合材料试件压痕损伤机制之间的对应关系。随着压痕极限载荷增加到 20kN 和 40kN，会产生更多高幅度和频率超过 300kHz 的声发射信号。

6.3.4　结论分析

通过研究碳纤维平纹编织复合材料压痕损伤演变过程和失效行为，分析复合材料损伤演变的声发射信号，并结合 k-means 聚类算法，实现了复合材料试件损伤动态演变和失效机制的表征，结论分析如下：

（1）碳纤维平纹编织复合材料承受低载荷压痕时，复合材料无明显损伤；随着压入载荷的增加，压痕损伤程度加剧，压痕面积和压痕深度增加，直至复合材料压溃而穿透。

（2）通过 k-means 聚类算法，可将复合材料压痕损伤的声发射信号分为四类。其中，CL-1 类对应的声发射信号与基体开裂相关，CL-2 和 CL-3 类对应的声发射信号分别与纤维/基体脱粘和分层有关，CL-4 类对应的声发射信号与纤维损伤有关。随着压痕载荷的增加，更多高幅度和频率的声发射信号产生。基于声发射信号的时域特性和频率分布范围，可以建立特定的声发射信号特征与复合材料试件压痕损伤机制之间的对应关系。

6.4　碳纤维平纹编织复合材料压缩损伤声发射特性

为评估压痕损伤对碳纤维平纹编织复合材料剩余压缩强度的影响，对每种压痕损伤类型复合材料进行压缩试验。共设计四类复合材料压缩试件：无压痕损伤的参考试件记作试件 F-0，以 10kN、20kN 和 40kN 为极限压痕损伤载荷的试件记作试件 F-10、试件 F-20 和试件 F-40。

6.4.1　压缩加载声发射监测方案

复合材料剩余压缩强度试验利用专用的压缩夹具，在 CMT5305 型万能拉压试验机上进行，压缩装置的两个夹具长度均为 60mm，复合材料试件中间有效部分长度为 60mm。压缩试验采取位移控制方式，加载速率为 0.5mm/min。压缩加载过程中，利用 DS2-8A 型的声发射仪监测复合材料试件损伤演化过程中的声发射响应。根据压缩测试条件，试验采用一个 RS-54A 宽频带传感器进行信号采集，声发射仪器参数的设置同压痕损伤试验一致，声发射信号采集门槛设置为13mV(43dB)，采样频率为3MHz。

6.4.2 复合材料压缩力学响应与失效特征

典型复合材料试件压缩载荷-位移曲线如图6-23所示。四种类型复合材料试件压缩载荷和位移之间的关系基本呈线性分布，直至复合材料试件的压缩破坏。试件 F-0、F-10、F-20 和 F-40 的失效载荷平均值分别为 28.1kN、26.9kN、20.3kN 和 10.3kN，相应的标准偏差分别为 0.758kN、1.428kN、1.331kN 和0.361kN。

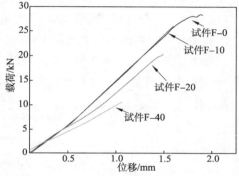

图 6-23　典型复合材料试件压缩载荷-位移曲线

对于试件 F-10，轻微的压痕损伤对复合材料剩余压缩强度影响较小。随着压痕损伤的增加，试件 F-20 和 F-40 的失效载荷和刚度明显下降，这可归因于压痕损伤的累积，导致复合材料试件出现纤维断裂等多种损伤模式的出现。

为了获取压缩载荷下复合材料压痕区域的损伤破坏特征，图 6-24 显示了典型复合材料试件正面和侧面压缩破坏的形貌。

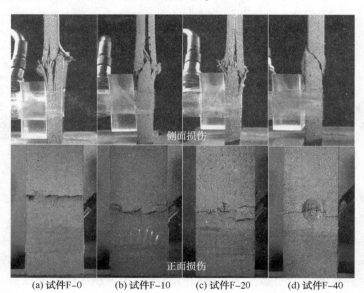

(a) 试件F-0　　(b) 试件F-10　　(c) 试件F-20　　(d) 试件F-40

图6-24　典型复合材料试件压缩破坏结构特征

如图6-24(a)～(c)所示，试件F-0、F-10和F-20的失效模式为复合型破坏，由层间剪切破坏和脆性断裂构成，复合材料试件的损伤机制包含基体开裂、纤维断裂、纤维/基体脱粘、分层等多种形式。

相对于其他试件，试件F-40的断裂特征是脆性断裂，如图6-24(d)所示。试件F-40在压痕区域出现严重的结构破坏，而相应的压缩断口形貌与加载方向成45°。各类复合材料试件正面的断裂点集中在压痕损伤区域，断口较为规则。

6.4.3　复合材料压缩失效的声发射行为

典型复合材料试件压缩过程中载荷和声发射信号幅度随时间变化如图6-25所示。对于试件F-0、F-10和F-20，在压缩加载前期，产生较少的声发射信号，如图6-25(a)～(c)所示；在加载的最后阶段会产生大量高幅度的声发射信号。

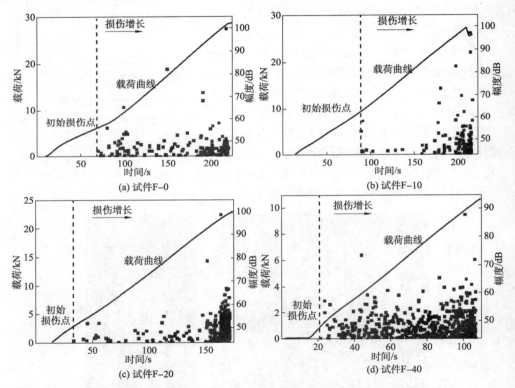

图6-25　典型复合材料试件压缩过程中载荷和声发射信号幅度随时间变化

轻微的压痕损伤对复合材料压缩过程中的声发射响应行为影响不大，与无压痕损伤复合材料试件表现基本一致。

从图6-25(d)可以看出，试件F-40声发射信号的幅度变化趋势明显不同，声发射事件的数量显著增多，声发射信号的产生几乎是从压缩测试开始，直至复合材料试件的压缩破坏，这可归因于压痕加载试验导致试件F-40存在较为严重的初始损伤。

　　典型复合材料试件压缩过程中声发射信号峰值频率和撞击累积随时间变化如图 6-26 所示，同时显示了声发射信号的聚类结果：A、B 和 C 三类信号的时域频率分布特征。从图中可以看出，对于所有类型的复合材料试件，A 类信号在时域分布上产生的较早，且存在于整个压缩加载过程中，其频率分布范围为 0～50kHz，一般与树脂基体的损伤有关。

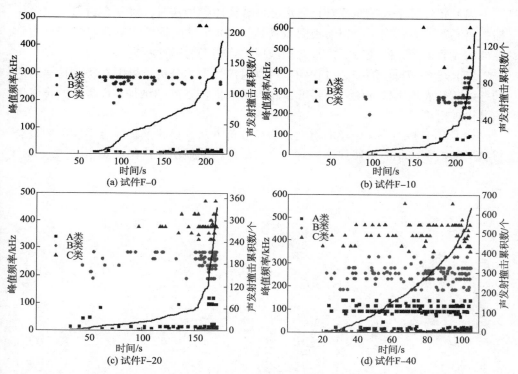

图 6-26　典型复合材料试件压缩过程中声发射信号峰值频率和撞击累积随时间变化

　　如图 6-26(a)～(c)所示，C 类型的声发射信号频率分布范围为 350～500kHz，一般在压缩加载后期产生；随着平纹编织复合材料压痕损伤的增加，C 类型的声发射信号出现得更早。因此，从图 6-26(d)可以看出，试件 F-40 对应 C 类型的声发射信号出现得最早，这是由于静态压痕加载使得复合材料试件中产生了大量的损伤，在后续的压缩加载条件下，导致复合材料试件内部损伤的进一步扩展和演化，直至复合材料试件的最终压缩破坏。碳纤维平纹编织复合材料中的主承载组分是碳纤维，结合 C 类型的声发射信号在时域上的变化特征，将其演变规律归因于与纤维损伤有关。B 类型的声发射信号一般与纤维/基体脱粘有关。

　　综上所述，碳纤维平纹编织复合材料试件压痕损伤较轻时，对复合材料的剩余压缩力学性能影响不大；在压痕损伤试件的压缩试验中，C 类型的声发射信号对应纤维断裂损伤模式；随着压痕损伤程度的增加，C 类型的声发射信号出现得更早。

6.4.4　结论分析

通过研究碳纤维平纹编织复合材料产生压痕损伤后的压缩破坏过程和失效行为，分析复合材料损伤演变的声发射响应，并根据声发射信号的 k-means 聚类算法，实现复合材料试件损伤动态演变和失效机制的表征。结论分析如下：

（1）碳纤维平纹编织复合材料承受低载荷压痕损伤时，对复合材料的剩余压缩强度影响不大；当压痕损伤极限载荷达到 40kN 时，将导致复合材料试件力学性能的显著下降，断裂特征由复合型破坏模式转变为脆性断裂。

（2）复合材料压缩破坏过程中，声发射信号聚类分析结果中 C 类型信号对应的纤维断裂表现出较强的时间特征；随着压痕损伤程度的增加，C 类型的声发射信号出现得更早。

（3）基于 k-means 聚类的声发射信号分析方法，描述了碳纤维平纹编织复合材料局部损伤演化的发展规律，对复合材料结构的损伤评估起重要作用。

碳纤维三维编织复合材料是集现代复合材料与编织技术发展的新型复合材料，其可设计性能更强，具有优异的整体力学性能，能有效应用于航天航空、汽车、能源等领域的承力结构。为确保三维编织复合材料在服役过程中的可靠与安全，对其变形损伤与破坏行为的研究具有重要意义。针对碳纤维三维编织复合材料的变形与损伤破坏，国内外学者从刚度和强度的试验、理论分析及有限元数值仿真等方面对其力学性能进行研究。然而，复合材料损伤行为的研究是其安全使用和评价的基础。

碳纤维三维编织复合材料结构呈网状分布特征，损伤破坏机制相对复杂。声发射技术对动态损伤过程比较敏感，能有效监测复合材料基体开裂、纤维断裂等损伤行为，为碳纤维三维编织复合材料损伤及其演化行为的研究提供了有效途径和方法。

碳纤维三维编织复合材料损伤的声发射检测试验所用编织复合材料预制增强体为 T700-12K 碳纤维，以 TDE-85 环氧树脂为基体。编织体结构考虑了三维四向和三维五向，编织角考虑了 20° 和 30°，纤维体积分数考虑了 50%、55% 和 60%，复合材料板采用树脂传递模塑工艺对三维编织预制体进行成型与固化。复合材料损伤破坏的声发射行为研究主要采用 AMSY-5 和 DS2-8A 两种类型的声发射仪，所用传感器有中心频率为 150kHz 的谐振式传感器、中心频率为 30kHz 的低频传感器和用于频谱分析的宽频带传感器三种。分别以 $\phi0.5mm$ 铅芯断铅信号和标准信号发生器为模拟声发射源，结合传感器布置、门槛值和信号噪声处理等手段，分析了声发射信号在碳纤维三维编织复合材料体系中的传播、衰减特性与波形特征，实现有效声发射信号的准确提取、定位和识别。通过提取损伤因子与声发射特征之间的关系，分析了编织方式、编织角等对编织复合材料渐进破坏的影响规律。

7.1 碳纤维三维编织复合材料拉伸损伤声发射特性

利用声发射技术，研究了三维四向碳/环氧编织复合材料的拉伸损伤破坏及失效行为。根据弹性波在碳纤维三维编织复合材料中的衰减特性，复合材料拉伸损伤的声发射信号幅度、能量、撞击累积数等特征参量，分析了复合材料拉伸损伤破坏与声发射响应行为。

7.1.1 拉伸试件及声发射监测

依据 GB/T 33613—2017《三维编织物及其树脂基复合材料拉伸性能试验方法》,将试验所用碳纤维三维四向编织复合材料切割成 220mm× 25mm 的长条形试件,如图 7-1 所示。

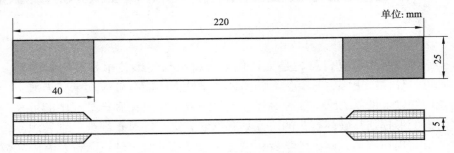

图 7-1 三维编织复合材料拉伸试件

三维编织复合材料母向花节为 6.5~7,周向花节为 4.5,编织角为 30°,纤维含量为 55%,厚度为 5 ±0.1mm。为避免拉伸试验过程中夹具对复合材料试件的损伤,在试件两端分别粘接长度为 40mm 的等宽铝片。

(1)声波衰减试验

为研究声波在复合材料中的衰减特性,以 0.5mm 铅芯为模拟声发射源,利用 AMSY-5 声发射设备进行实时监测,获取了声发射信号的传播与衰减特性。试验采用 4 个传感器,其布置方式如图 7-2 所示,在复合材料板上选取一点作为坐标原点,以该点为起点分别在编织纱的方向(0°)和编织纱垂直方向(90°),每隔 40mm 进行一次声发射衰减性能测试。

(2)拉伸试验与声发射监测

三维编织复合材料试件的轴向拉伸力学试验在 CMT5305 型万能拉压试验机上进行,如图 7-3 所示,采取位移控制加载方式,加载速率为 2mm/min。

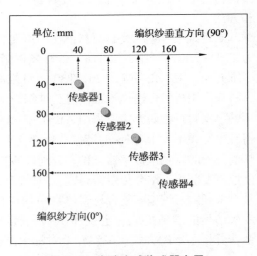

图 7-2 声波衰减传感器布置

利用 DS2-8A 声发射仪实时监测拉伸试验过程中的声发射信号,试验采用两个频带范围为 100~900kHz 的 RS-54A 型宽频带声发射传感器,传感器与试件之间由高真空硅脂耦合后用透明胶带固定,两个传感器的间距为 60mm。为保证传

图 7-3　复合材料试件的拉伸试验与声发射监测

感器与试件之间良好的声耦合，在实验前通过断铅实验对声发射信号进行模拟。为了减小试验机在运行过程中对声发射采集系统的噪声干扰，将声发射信号的门槛设置为 10mV（40dB）。

7.1.2　复合材料声发射衰减特性

三维编织复合材料声发射信号幅度衰减如图 7-4 所示。多次断铅模拟试验产生的声发射信号幅度衰减的标准差较小，能有效地代表三维编织复合材料在不同方向的声发射衰减特性。从图中可以看出，三维四向编织复合材料在编织纱垂直方向上的衰减要明显高于编织纱方向，且断铅点与声发射传感器的距离越远，声发射信号幅度衰减越大，这源于三维编织复合材料的内部结构特征。声发射信号的衰减机制主要有：波的几何扩展、材料吸收、散射及频散等。声波沿复合材料的纤维方向传播速度快，材料吸收小，几何扩展是能量损失的主要来源。三维编织复合材料的碳纤维纱线沿试件的编织方向排列，声波衰减较小；然而，在与编织纱垂直的方向上，三维编织复合材料结构中树脂和纤维交替出现，声发射信号在不同纤维束之间、纤维与基体界面间、基体与基体间产生多次反射及材料吸收，导致较大的能量损失，从而出现更为明显的幅度衰减现象。

7.1.3　复合材料力学行为与声发射分析

典型复合材料试件的拉伸载荷和声发射能量随时间变化图 7-5 所示。在拉伸加载过程中，载荷呈近似线性变化趋势，表现出明显的弹性变形特征。随着载荷水平的提高，复合材料试件的损伤累积明显。当载荷达到 43.45kN 时，试件的刚度出现略微的下降，可以听到轻微的响声。当载荷达到失效点附近，试件突然发生断裂，并产生剧烈的爆鸣声，试件的失效载荷为 50.34kN。在复合材料试件的

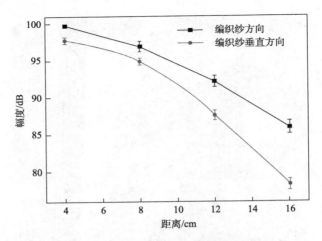

图 7-4　三维编织复合材料声发射信号幅度衰减

加载初期，声发射能量无明显变化；加载至 40s 左右时，开始出现少量较高能量的声发射信号，这表明复合材料试件内部已经出现了部分的微结构损伤；随着载荷水平的提高，伴随着较高能量的声发射事件持续发生，复合材料试件内部的微损伤不断累积。当加载至 160 s 时，声发射能量达到了峰值，即 3000mV·ms；预示着试件内部已经出现了相当严重的损伤，多种损伤模式同时发生，基本接近拉伸强度的极限值；当载荷达到最大值时，复合材料试件完全破坏。

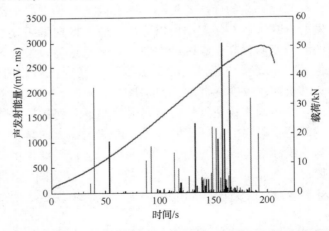

图 7-5　典型复合材料试件的拉伸载荷和声发射能量随时间变化

复合材料试件的宏观破坏形貌如图 7-6 所示，在试件的破坏区域，存在基体开裂和纤维断裂等多种损伤模式。从试件正面来看，损伤破坏一般沿编织纱线交织区域进行；结合试件的侧面破坏特征，能够明显观察到纤维束之间的分离。

复合材料试件的声发射幅度和撞击累积随时间变化如图 7-7 所示，可将复合材料试件的损伤破坏划分为损伤初始、损伤累积和破坏三个阶段。加载的 0~40s 为损伤初始阶段，在 20s 左右时，才开始出现少量的声发射信号，撞击累积数上升缓慢；在试件加载初期，声发射信号具有不稳定性，外界环境产生的噪声信号干扰，导致少量高幅度的声发射信号出现；此阶段的损伤模式主要是三维编织复合材料内部工艺缺陷和微小裂纹在低载荷的作用下形成的损伤以及试件少量基体开裂与边缘的纤维微损伤等。加载的 40~160s 为损伤累积阶段，此阶段的声发射事件不断增加，撞击累积数也平稳递增，声发射信号的幅度主要集中于 40~100dB，试件内

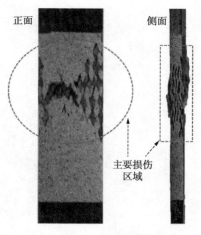

图 7-6　复合材料试件的宏观破坏形貌

部基体开裂与纤维束/基体间的脱粘造成损伤的持续加重。加载的 160~200s 为破坏阶段，声发射事件急剧增加，撞击累积数迅速升高，伴随着基体开裂、纤维束/基体脱粘以及纤维断裂等多种损伤，加载到 200 s 左右，试件最终失效破坏。

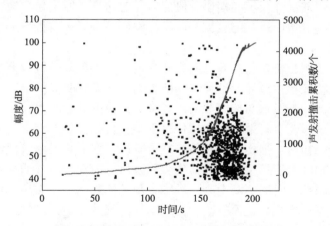

图 7-7　复合材料试件的声发射幅度和撞击累积随时间变化

　　复合材料试件的声发射持续时间和幅度随时间变化如图 7-8 所示。在复合材料试件加载初期，声发射信号持续时间短、幅度低。进入损伤累积阶段后，高幅度的声发射事件显著增多，但也存在许多低幅度的声发射信号，该阶段基体损伤程度加重，同时伴随纤维/基体的脱粘。在损伤破坏阶段，纤维是三维编织复合材料拉伸方向载荷的主要承受者，当试件接近失效时，声发射信号的持续时间急剧增加，直至达到峰值，幅度增加到最大值，纤维断裂导致试件的最终破坏。

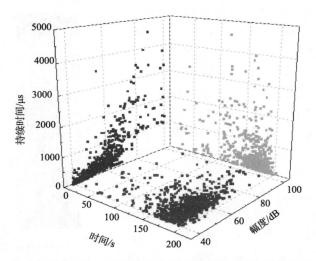

图7-8 复合材料试件的声发射持续时间和幅度随时间变化

7.1.4 结论分析

利用声发射技术研究了三维四向碳纤维编织复合材料的衰减特性及其拉伸损伤破坏行为。依据试件在不同损伤阶段的声发射能量、撞击累积数、幅度、持续时间等特征参量的动态演变规律，得到三维编织复合材料的损伤破坏及失效行为。

（1）三维编织复合材料具有各向异性的特征，导致复合材料典型方向上的声发射信号衰减特征存在差异，沿编织纱的方向幅度衰减明显低于垂直于编织纱的方向；模拟声源的断铅点与传感器的距离越远，幅度衰减越大。

（2）三维编织复合材料试件在拉伸过程中呈现弹性变形特征，其损伤破坏过程可以分为损伤初始、损伤累积和破坏三个阶段。在加载初始阶段，声发射信号持续时间短、幅度和能量较低；在损伤累积阶段，声发射事件明显增多，撞击累积数平稳增加，持续时间不断上升，纤维束与基体脱粘；在破坏阶段，声发射信号急剧增加，撞击累积数迅速升高，出现明显的纤维断裂，试件最终失效破坏。

7.2 不同厚度三维四向编织复合材料拉伸损伤声发射行为

在碳纤维三维四向编织复合材料拉伸力学加载的同时，利用声发射技术监测复合材料变形与损伤破坏过程中对应的声发射信号。根据声发射信号的聚类分析等处理方法，实现复合材料试件内部损伤源的声发射响应动态描述，进而研究不同厚度三维四向编织复合材料拉伸变形与损伤演变规律，为三维编织复合材料的结构设计、无损评价等提供基础。

7.2.1 试验材料与声发射监测

试验所用碳纤维三维四向编织复合材料的编织角为 30°、纤维体积分数为 55%，其厚度分别为 2.5±0.1mm（试件 A）和 4.8±0.1mm（试件 B）。通过实际测量，两种试件的编织角和纤维体积分数均在误差允许的范围内。依据 GB/T 33613-2017《三维编织物及其树脂基复合材料拉伸性能试验方法》，将复合材料板切割成 220mm×25mm 的长条形拉伸试件。为避免复合材料试件两端夹持部分受损与破坏，在其两端粘贴 50mm×25mm 铝质加强片。

三维编织复合材料沿主方向上的拉伸测试在 CMT5305 型万能拉压试验机上进行，试验采用位移控制方式，加载速率设定为 2mm/min。试件加载过程中，利用 DS2-8A 声发射仪采集实时的声发射信号。试验所用 RS-54A 型宽频带的声发射传感器频率范围为 100~900kHz，前置放大器增益为 40dB，声发射传感器与试件表面用高真空硅脂耦合、胶带固定，并利用模拟声发射源验证其耦合状态。为实现声发射源信号的线定位和噪声分离，同时采用两个相距为 60mm 的声发射传感器，并结合声发射源信号的定位进行处理。经反复试验确定，声发射信号的采样频率设定为 3MHz，信号采集门槛设定为 40dB（10mV）。为了降低不同损伤模式的声发射信号叠加效应，峰值定义时间（PDT）、撞击定义时间（HDT）和撞击闭锁时间（HLT）分别设定为 30μs、150μs 和 300μs。

7.2.2 复合材料拉伸力学性能与声发射响应行为

图 7-9 为两类复合材料典型的拉伸应力-应变关系曲线，拉伸应变值 0.8% 表示复合材料试件拉伸应力-应变曲线从线性到非线性变化的近似临界点。两种复合材料试件拉伸应变值<0.8%时，其应力-应变均表现出近似线性关系。随应变水平进一步提高，复合材料损伤累积明显，导致两类试件的刚度均出现不同程度的下降，直至断裂。通过比较复合材料试件 A 和 B 的刚度、失效应变和断裂强度，发现随编织厚度的增加，复合材料刚度和失效应变均表现出下降趋势，尤其是复合材料的断裂失效强度。根据三维编织复合材料的拉伸强度计算公式：

$$\sigma_f = \frac{F_s}{bh} \tag{7-1}$$

式中　F_s——试件失效载荷；

b 和 h——厚度和宽度。

如图 7-9 所示，当三维编织复合材料的厚度从 2.5mm 增加至 4.8mm 时，复合材料试件对应的拉伸失效强度从 688 MPa 减小到 416 MPa，呈显著下降趋势。

为进一步说明编织厚度对三维编织复合材料拉伸强度和刚度的影响规律，引入复合材料内部区域、表面区域和棱角区域构成的皮芯结构，如图 7-10 所示。

从图 7-10(a) 可以看出，随编织厚度增加到一定程度，复合材料皮芯结构中抗拉刚度、强度较大的外部区域占比减小，进而导致复合材料整体强度和刚度的

141

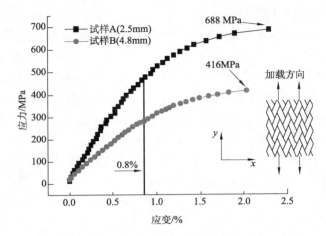

图 7-9　复合材料试件拉伸应力与应变曲线

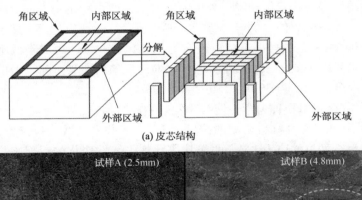

(a) 皮芯结构

(b) 截面特征

图 7-10　复合材料皮芯结构及截面特征

明显下降。

　　此外，编织厚度的增加也给树脂对纤维的良好浸润带来困难，会出现如图7-10(b)所示的树脂贫瘠区域，降低纤维/树脂界面性能。上述薄弱区域在拉伸载荷下易产生损伤源，进而使复合材料的整体力学性能出现明显下降。可见，三维编织复合材料结构在实际工程应用中，其编织厚度的影响是必须要考虑的重要因素。

　　为有效评估复合材料损伤动态演变趋势，可用声发射撞击累积数和能量等特征参数表征声发射活动强度和损伤源特性。图 7-11 为典型复合材料试件拉伸应力、声发射撞击累积数和能量随应变的变化曲线。

从图 7-11(a)和(b)可以看出，试件 A 加载初期，出现较少的声发射信号。当应变水平达到 0.5%左右时，声发射撞击累积数逐渐增加，声发射累积能量迅速增长到一定水平并趋于稳定，可将该应变值作为复合材料试件损伤演变的第一个拐点。

随应变水平进一步提高，复合材料试件应力-应变曲线斜率缓慢降低，损伤演化对应的声发射累积能量处于较为稳定的水平，声发射撞击累积数增长速度较快。

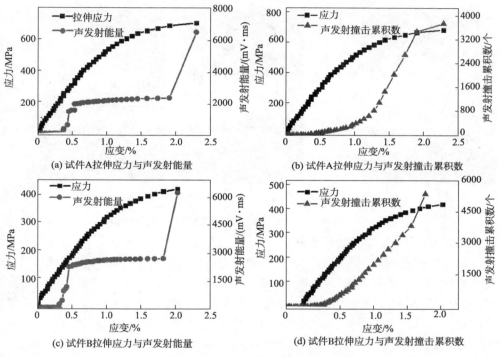

(a) 试件A拉伸应力与声发射能量

(b) 试件A拉伸应力与声发射撞击累积数

(c) 试件B拉伸应力与声发射能量

(d) 试件B拉伸应力与声发射撞击累积数

图 7-11　复合材料试件拉伸应力、声发射能量和撞击数累积随应变的变化

当应变水平达到 1.89%左右时，损伤累积达到临界水平，复合材料试件刚度下降明显，声发射撞击累积数仍然呈增长趋势，声发射累积能量开始突然线性增加，可将该应变值作为复合材料试件损伤演变的第二个拐点。

随后，声发射事件活动性增强，预示复合材料试件进入损伤破坏阶段，伴随着纤维/基体界面损伤演化，纤维断裂等损伤加剧。如图 7-11(c)和(d)，试件 B 进入损伤演变的第一个拐点和第二个拐点的应变值分别降至 0.45 %和 1.82 %，加载过程对应的声发射撞击数累积相对较高，这源于碳纤维三维编织复合材料厚度增加和内部区域局部树脂贫瘠，引起试件横截面积上损伤源增多所致。

图 7-12 为两类复合材料试件临界拉伸失效时表面位移场分布。从图 7-12(a)可以看出，试件 A 中心部分形成了具有一定角度的锯齿形表面位移

差，局部位移差超过 0.2mm，并且整体分布于纱线交织区域。这表明拉伸损伤过程中的微观裂纹容易在此区域萌生、聚集和扩展，导致较为明显的相对位移差。与试件 A 相比，图 7-12(b) 中试件 B 的临界拉伸失效表面位移场的分布规律基本相似，但对应的位移值相对较低。这表明编织厚度的增加，降低了复合材料的失效变形，但不影响其表面位移场分布规律。

在复合材料试件制造过程中，随着编织厚度的增加，在一定程度上增加了缺陷的产生概率，从而会降低纤维/树脂界面间的结合。

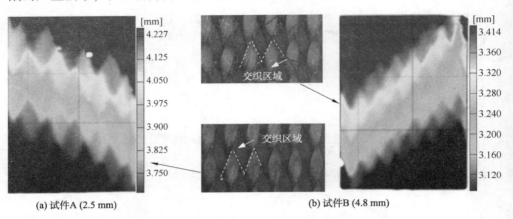

(a) 试件A (2.5 mm)　　　　　　　　　　(b) 试件B (4.8 mm)

图 7-12　复合材料局部形貌和临界失效对应表面位移场

7.2.3　声发射信号的聚类分析

在复合材料拉伸加载过程中，结合声发射技术动态获取了多种损伤模式对应的声发射信号。但利用单一的声发射特征参量难以有效描述复合材料基体开裂、纤维/基体脱粘和纤维断裂等多种损伤相互叠加的声发射响应行为。聚类分析基于距离或相似性等级标准，能够对信号数据进行智能分组，为多参数声发射信号损伤模式识别提供可能。声发射信号 k-means 聚类分析选用峰值幅度、频率、质心频率和 RA（上升时间/峰值幅度）值等重要特征参量进行多参数耦合分析，同时考虑聚类有效性判定。先依据 DB 和 Sil 指数确定最优聚类数，然后借助数值计算工具调用函数完成多参数声发射信号的聚类分析。DB 值越小，代表同类数据之间紧凑，聚类效果越好。

从图 7-13 中的 DB 值随聚类数变化关系可知，当聚类数为 3 时，两种试件的 DB 指标均为最小值，此时聚类效果最好，则两种试件的最优聚类数

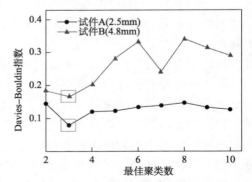

图 7-13　Davies-Bouldin 指数随聚类数目变化

144

目均取 3。

图 7-14 为聚类结果中声发射信号的峰值幅度和频率的分布关系。从图 7-14 (a)可以看出，试件 A 对应的声发射信号通过 k-means 聚类分析，虽然在每类的聚类边界存在部分重叠，但是不同类对应的峰值幅度和频率相互分离较为明显，并且主要聚集在三个有效区域：Class-1 类峰值幅度和频率主要分布于 40~60dB、0~180kHz，相应的聚类中心为 49dB、73kHz；Class-2 类对应的峰值幅度和频率主要分布在 55~100dB、0~300kHz，并以 66dB、104kHz 为聚类中心；Class-3 类的峰值幅度和频率分布在 40~90dB、200~500kHz，对应的聚类中心分别为 51dB 和 284kHz。相对于试件 A，图 7-14(b)中试件 B 的声发射信号的分布规律相似，即低幅和低频的 Class-1、高幅 Class-2、高频 Class-3。三维编织复合材料损伤过程中声发射信号和损伤源的关系如下：低幅和低频的 Class-1 类声发射信号对应基体开裂，Class-2 类与纤维/基体界面脱粘相关，Class-3 类声发射信号对应纤维断裂。三维编织复合材料损伤过程中声发射信号和损伤源的关系：低幅和低频的 Class-1 类声发射信号对应基体开裂，Class-2 类与纤维/基体界面脱粘相关，Class-3 类声发射信号对应纤维断裂。

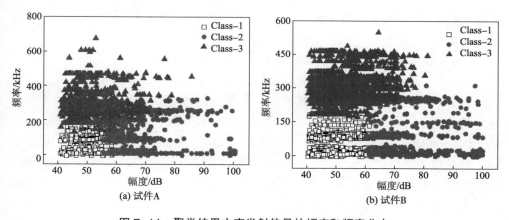

图 7-14 聚类结果中声发射信号的幅度和频率分布

图 7-15 为聚类后每类声发射信号的幅度分布。从图 7-15(a)中可知，试件 A 对应的 Class-1 类和 Class-3 类声发射事件数较为接近，且明显多于 Class-2 类（幅度较高），这表明三维编织材料整体结构性能较好，纤维/基体界面早期失效的概率相对较低。在 40~80dB 幅度分布区间，存在 Class-1 和 Class-3 两种损伤模式对应的声发射信号，这是由于拉伸损伤过程中损伤模式经常叠加在一起，使得其仅利用声发射信号幅度分布特征，难以对损伤源进行有效识别。与试件 A 相比，试件 B 对应的每类声发射信号幅度分布基本类似。复合材料编织厚度的增加，导致其破坏阶段纤维断裂数量增多，图 7-15(b)中对应的 Class-3 类声发射事件数明显增多。

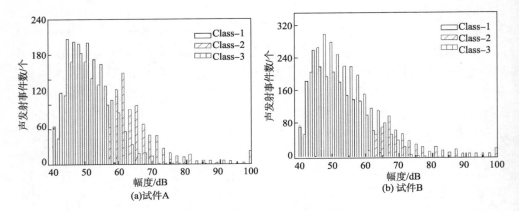

图 7-15　聚类结果中声发射信号的幅度分布

7.2.4　声发射信号的 b 值变化特征

为进一步描述三维编织复合材料损伤破坏对应声发射信号的时域演变规律，基于 G-R 关系式，结合扫描算法和最小二乘获取了声发射信号 b 值变化。

$$\lg N = a - bM \tag{7-2}$$

式中　N——声发射事件数频度；

　　　M——声发射信号峰值幅度；

　　　a——常数（不影响 b 值计算结果）。具体选取多组采集窗口和步长，统计幅度每隔 5dB 的声发射事件数。

图 7-16 为复合材料拉伸加载过程中声发射信号 b 值和应力随时间的变化曲线。两类复合材料试件的 b 值曲线都包含三种计算方式：采集窗口 300 个，步长 100 个；采集窗口 500 个，步长 100 个；采集窗口 300 个，步长 50 个。从图 7-16（a）可知，虽然试件 A 的声发射信号 b 值计算方式存在三种，但三者对应的 b 值变化曲线都呈现渐进上升态势，表明采集窗口和步长的差异对 b 值结果影响较小。当应力水平增至 400MPa 左右时，试件的 b 值出现小幅度波动，表明该应力水平以下复合材料试件 A 内部的声发射活动相对稳定。随着应力水平的进一步提高，复合材料内部微观裂纹的形成、扩展和演化，引起声发射峰值幅度高低变换，最终导致 b 值大幅度的跃迁。

与试件 A 相比，当试件 B 的应力水平增至 200 MPa 时，开始出现较小幅度范围的 b 值波动，且变化幅度超过 0.2，如图 7-16（b）所示。这表明编织厚度的增加，缩短了复合材料损伤孕育的应力水平，并加剧了早期微裂纹的形成。随着应力水平的进一步提高，由于纱线交织区域的高应变引起早期裂纹的扩展，最终出现 b 值大幅度的跃迁，并且明显高于试件 A 的 b 值变化幅度。然而，两类复合材料出现大幅度 b 值跃迁对应的应力水平相似，分别为失效应力的 78% 和 76%。由此可知，借助复合材料声发射信号的 b 值变化曲线，能够获取峰值幅度时域变

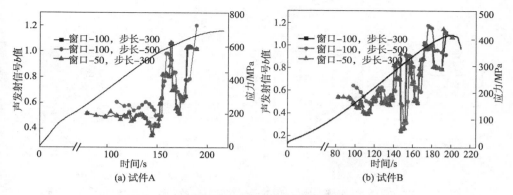

(a) 试件A   (b) 试件B

图 7-16　声发射信号 b 值和应力随时间变化规律

化规律，进而表征试件内部裂纹的扩展状态，为碳纤维三维四向编织复合材料的拉伸损伤评价提供了有效途径。

7.2.5 结论分析

根据声发射信号的聚类和 b 值分析等处理方法，实现了碳纤维三维四向编织复合材料拉伸损伤的声发射响应动态描述，主要结论分析如下：

（1）随编织厚度的增加，三维编织复合材料拉伸试验测试强度降低；在三维四向编织复合材料拉伸损伤过程中，声发射信号的特征参数能够有效反映试件的损伤演变规律，并呈现出两个明显损伤演变点。

（2）编织厚度的增加对复合材料拉伸损伤模式和其相应的声发射信号特征影响较小。结合 k-means 聚类分析，两类复合材料的幅度与频率分布关系相似，并主要聚集在三个区域：低幅和低频 Class-1 类、高幅度 Class-2 类、高频率 Class-3 类，分别对应的损伤模式为基体开裂、纤维/基体界面脱粘和纤维断裂。

（3）通过复合材料声发射信号 b 值分析，可以有效获取试件内部的损伤演变信息。两种复合材料随拉伸应力的增加，b 值都出现波动性增长，但编织厚度增加，降低了其拉伸加载前期波动性的应力水平，并提高了加载后期 b 值变化幅度。

7.3 碳纤维三维编织复合材料损伤声发射信号统计分析

7.3.1 试验材料与声发射监测

试验所用碳纤维三维四向（试件 A）和三维五向（试件 B）编织复合材料试件如图 7-17 所示，复合材料平均表面编织角为 $30°$，纤维体积分数约为 55%。

三维编织复合材料试件的结构尺寸如图 7-17（a）所示，标距的长度为 $55mm$，截面尺寸为 $10mm \times 5mm$。为了保护试件两端夹持部分在加载过程中免于损伤，在试件两端粘贴 $40mm$ 长的等宽铝片，如图 7-17（b）所示。碳纤维三维四向和三

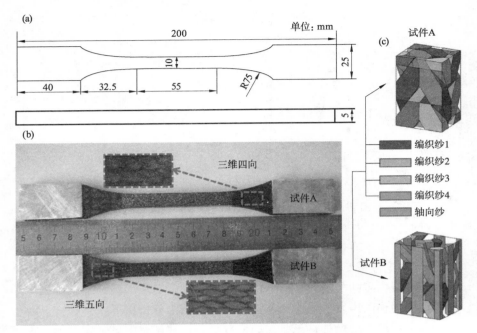

图7-17 三维四向和五向碳纤维编织复合材料试件

维五向编织复合材料试件内部的单胞模型如图7-17(c)所示，编织纱线间的空隙由基体树脂填充，试件A和B包含四种走向的编织纱线。与试件A相比，试件B在编织方向添加了轴向增强纱线。

图7-18 复合材料试件的拉伸
试验与声发射监测

三维编织复合材料试件的拉伸测试在LD26型万能拉压试验机上进行，采用位移控制加载方式，加载速率设为2mm/min。试件加载过程中，利用AMSY-5声发射仪进行实时监测，如图7-18所示，采集并记录对应的声发射信号。试验采用两个VS150-RIC型谐振式的声发射传感器，传感器与试件之间涂抹适量的高真空硅脂，并用胶带将其固定在试件表面，两个传感器的间距为70mm。在每次试验之前进行断铅声发射源模拟，以确保试件与传感器间的良好耦合。为了有效地消除噪声信号干扰，经反复试验确定，声发射信号的门槛设定为5mV(40dB)，采样频率为5MHz。

7.3.2 复合材料力学行为和损伤特征

碳纤维三维四向(试件A)和三维五向(试件B)编织复合材料拉伸平均失效载

荷分别为 10.25kN 和 38.24kN，标准偏差为 0.64kN 和 1.85kN。试件 A 的平均拉伸强度和标准偏差为 207.01MPa 和 11.41MPa，试件 B 的平均拉伸强度和标准偏差为 777.12MPa 和 50.38MPa，三维五向编织复合材料中轴向增强纱线的引入提高了复合材料试件的承载能力。

三维编织复合材料试件的拉伸应力–应变曲线如图 7-19 所示，三维四向和五向编织复合材料试件的力学曲线具有相似的变化趋势。

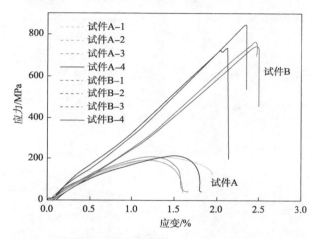

图 7-19　三维编织复合材料应力–应变曲线

在加载初始阶段，试件 A 和 B 处于低应力水平，产生的应变很小；随着应力水平提高，应力–应变曲线呈现出近似线性的变化趋势；当试件临近失效时，试件 A 的应力–应变曲线表现出一定的非线性特征，当应力逐渐增加至最大值，试件 A 和 B 失效破坏。试件 A 的承载能力和试件 B 存在着明显的差异，试件 B 引入了轴向增强纱线，具有更高的拉伸强度。

三维四向(试件 A)和三维五向(试件 B)编织复合材料失效特征如图 7-20 所示。

两种试件均呈现出典型的脆性断裂，试件 A 断口相对平齐，试件 B 断口参差不齐且呈现一定的角度。三维五向编织复合材料中引入了轴向纱，使试件 B 相比于试件 A 拥有更多的纱线和更紧致的空间结构，接近失效破坏时，试件 B 中轴向纱线和编织纱线脆性断裂，并释放大量能量，三维五向编织复合材料有更高的失效强度和更明显的损伤。结合复合材料试件断口形貌，发现界面损伤、基体开裂、纤维/基体脱粘、纤维断裂等损伤是三维编织复合材料的主要失效模式。相比于试件 A，试件 B 有更严重的纤维断裂、纤维拔出等损伤模式。这是因为当裂纹扩展至纱线时，导致外部的轴向纱和编织纱失效并释放出大量的能量，载荷迅速转移至内部未断裂的纱线。当载荷接近失效点时，试件中剩余完好的纱线不能承受高的负载，导致纤维断裂、纤维拔出等多种损伤同时发生，复合材料最终失效破坏。

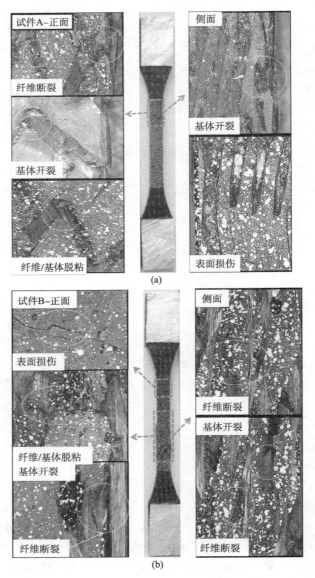

图 7-20　三维四向和三维五向编织复合材料失效特征

7.3.3　复合材料损伤破坏的声发射行为

　　三维四向(试件 A)和三维五向(试件 B)编织复合材料试件拉伸损伤的声发射信号幅度和撞击累积数随时间变化如图 7-21 所示,复合材料试件拉伸损伤的声发射信号幅度和应力随应变的变化如图 7-22 所示,损伤破坏过程分为初始损伤、累积损伤和失效阶段。

　　初始损伤阶段:在试件加载初期,少量低幅度声发射信号产生,撞击累积数

150

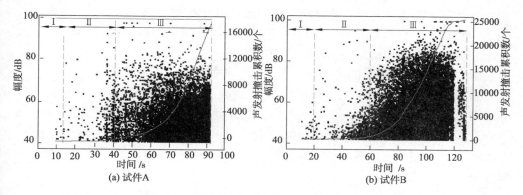

图7-21　复合材料试件拉伸损伤的声发射信号幅度和撞击累积数随时间变化

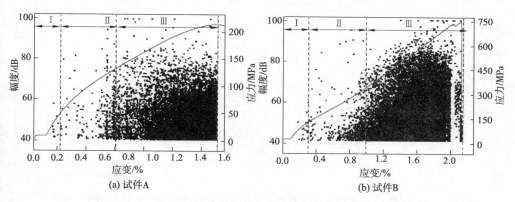

图7-22　复合材料试件拉伸损伤的声发射信号幅度和应力随应变的变化

平缓的上升,试件 A 和 B 最主要的损伤模式是三维编织复合材料内部制造缺陷和界面的微断裂。

　　累积损伤阶段:随着拉伸应力水平的提高,大量的声发射信号产生,声发射撞击累积数逐渐增加,试件的损伤程度明显。从图7-21(a)和7-22(a)可以看出,试件 A 的声发射信号幅度主要集中在 40~80dB,表明基体开裂与纤维/基体脱粘是试件的主要损伤模式;与试件 A 相比,图7-21(b)和7-22(b)中试件 B在此阶段具有相似的规律,然而试件 B 具有更高的应力水平并产生更多的声发射事件,进一步揭示了试件 B 中更严重的损伤,这源于三维五向编织复合材料的基体开裂、纤维/基体脱粘等损伤模式。

　　失效阶段:声发射事件数和撞击累积数迅速上升,试件 A 和 B 的幅度分布在 40~100dB,出现更多高幅度的声发射信号,伴随着基体开裂、纤维/基体脱粘、纤维断裂等多种损伤模式同时发生。对于试件 A,当应力达到最大值时,试件失效破坏并释放大量的能量。此时,声发射撞击累积数也达到了峰值,如图7-21(a)所示。与试件 A 相比,试件 B 最终失效伴随更多高幅度的声发射信号,

151

产生了更多的撞击累积数，进一步揭示了试件 B 中更为严重的损伤，这是由于三维五向编织复合材料轴向纱的作用，产生更多纤维断裂等损伤所致，与图 7-20 中三维编织复合材料的最终损伤形貌相吻合。

7.3.4 声发射信号的统计分析

碳纤维三维四向(试件 A)和三维五向(试件 B)编织复合材料拉伸损伤的声发射事件幅度分布在 40~100dB，令 $N=6$，则幅度被分为 6 个等间距的子区间，每个区间分布在 $40+10(j-1)$ 至 $40+10jdB$ ($j=1$，…，6)，幅度带宽为 10dB。不同应力水平下典型的三维四向和三维五向编织复合材料拉伸损伤的声发射信号幅度谱分布如图 7-23 所示。

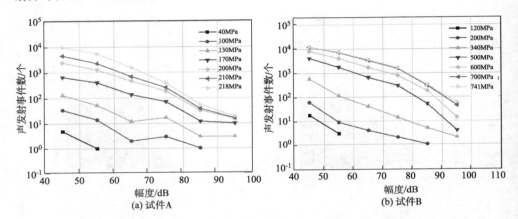

图 7-23 不同应力水平下三维编织复合材料拉伸损伤的声发射信号幅度谱分布

在加载初始阶段，产生的声发射信号较少，且以低幅度的声发射信号为主，可以推断小尺度的微结构损伤是试件主要的损伤模式。随着应力水平的上升，相对高幅度的声发射事件持续的出现，幅度谱涵盖的幅度范围逐渐扩大，损伤速率逐渐增加。当声发射事件的幅度落至最大的子区间时，幅度谱空间形成全谱。对于试件 A，这个转化发生在 130MPa 左右；对于试件 B，发生在 340MPa 左右。随后，高幅度的声发射事件比例不断增加，意味着更多的随机微损伤事件出现在最高幅度子区间。而且，声发射幅度谱的形状发生了变化，此时大小尺度的损伤模式共生。从幅度谱的总体趋势可以看出，低幅度的声发射信号数量明显高于高幅度的声发射信号。此外，在不同应力水平下，随着幅度的增大，声发射事件的数量明显减少。当应力接近最大值时，声发射事件的数量显著增加，不同应力水平下的谱线具有一定的相似性，表明试件的损伤程度明显增加，且无新的损伤模式产生。图 7-23(b) 中试件 B 的幅度谱分布与图 7-23(a) 中试件 A 的基本相似，然而，试件 A 的声发射事件数明显低于试件 B，三维五向编织复合材料具有更严重的损伤。

不同应力水平下典型三维四向和三维五向编织复合材料拉伸损伤的声发射信号概率谱分布如图 7-24 所示。低幅度下随机生成微损伤事件发生的概率明显大于高幅度时随机生成微损伤事件的发生概率，这与图 7-23 中的幅度谱分布相吻合，这一现象表明低幅度的声发射事件对应损伤模式贯穿整个拉伸加载过程，同时说明，在初始加载阶段，损伤具有很大的不确定性。一旦全谱形成，每个应力水平下的概率谱近似指数分布，可以推断出试件的损伤不确定性略有降低。当应力接近失效点时，概率分布趋近一致，损伤沿着某个确定的方向发展。归一化后的概率分布可以很好地描述随机生成微损伤事件的损伤状态。

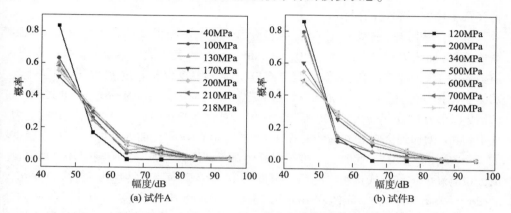

图 7-24　不同应力水平下三维编织复合材料拉伸损伤的声发射信号概率谱分布

典型三维四向和三维五向编织复合材料试件拉伸损伤的声发射信号概率熵分布如图 7-25 所示。为了提高概率熵的精度，将幅度谱的分区数设为 60，则试件 A 和 B 幅度谱的总带宽为 60dB。如图 7-25(a) 和 (b) 所示，试件 A 和 B 的应力观察窗口的数量分别设为 22 和 37。对于试件 A 来说，$M=22$，$N=60$，每隔 10MPa 观测一次概率熵，对于试件 B，$M=37$，$N=60$，则每隔 20 MPa 观测一次概率熵。试件的损伤破坏大致分为以下几个连续的阶段：

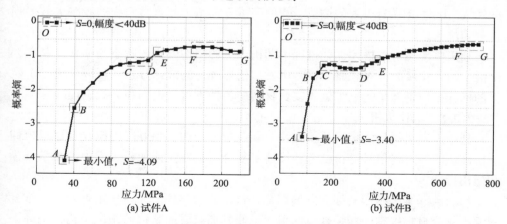

图 7-25　复合材料试件拉伸损伤的声发射信号概率熵分布

初始损伤阶段(曲线 O 至 B)：声发射信号的幅度小于门槛值时，试件 A 和 B 的熵值均为 0。如图 7-25(a)所示，当应力增加到 30MPa(试件 A 的 A 点)，所有随机生成微损伤事件的幅度落入到相同尺度的子区间，试件 A 的熵值为最小值，此时，$S=-4.09$。在图 7-25(b)中，在 80MPa 左右(试件 B 的 A 点)，试件 B 的熵值为最小值，$S=-3.40$。随后，概率熵曲线开始线性增加(曲线 A 至 B，$ds/d\sigma \approx$ 常数 > 0)，相对较高幅度的声发射事件相继出现，低应力水平下三维编织复合材料存在小尺度不确定的损伤。

累积损伤阶段(曲线 B 至 E)：随着应力水平的不断提高，概率熵的增长率逐渐地下降(曲线 B 至 C，$ds/d\sigma > 0$，$d^2s/d\sigma^2 < 0$)，表明试件的新损伤模式出现，但损伤的不确定性轻微地降低，此时对应三维编织复合材料的基体开裂、纤维/基体脱粘损伤。如图 7-25(a)所示，当试件 A 的应力从 100MPa 增加到 120MPa (曲线 C 至 D)，斜率近似为 0($ds/d\sigma \approx 0$)。如图 7-25(b)所示，当试件 B 的应力从 160MPa 增加到 280MPa(曲线 C 至 D)，试件 B 的概率熵曲线近似恒定并有轻微的下降($ds/d\sigma \leq 0$)。此时，三维编织复合材料试件对外加应力的响应几乎是恒定的，没有新的损伤模式产生。随后，试件 A 和 B 的概率熵线性增加(曲线 D 至 E，$ds/d\sigma \approx$ 常数 > 0)，直至监测到的声发射事件的幅度开始出现在 60 个子区间内，此时全谱形成(点 E)。此时的幅度谱分布明显地包括大比例高幅度的声发射信号，这一阶段除了基体开裂和纤维/基体脱粘，还有小部分纤维断裂损伤出现。

失效阶段(曲线 E 至 G)：随着应力的增加，概率熵显著地增加($ds/d\sigma > 0$)，这与随机生成微损伤事件数量增加有关。在此阶段，多种损伤同时发生，纤维失效等较为严重的损伤模式开始出现并逐渐演化。当应力水平接近失效点时，概率熵达到最大值，之后保持恒定不变或略有下降(曲线 F 至 G)，试件的损伤状态向稳定的方向发展，随机生成微损伤事件的数量和分布范围相对稳定。相比于试件 A，试件 B 具有更大的熵值，表明三维五向编织复合材料中的纤维失效等损伤较为严重。

利用概率熵可以描述加载过程中随机产生的损伤模式的状态与演化。基于幅度谱、归一化概率分布和概率熵对声发射信号进行的统计分析，可以作为一个定量的标准去识别并量化三维编织复合材料中各种不可逆损伤和失效机理。

7.3.5 结论分析

利用声发射信号的统计分析方法对碳纤维三维四向和五向编织复合材料拉伸损伤破坏的声发射信号进行处理，描述了复合材料在拉伸加载过程中的力学行为和损伤特性。

(1)碳纤维三维四向和五向编织复合材料的力学性能存在一定差异。三维五向编织复合材料中轴向增强纱线的引入，使其拥有更加紧致的编织结构，提高了三维编织复合材料轴向的承载能力和抵抗变形能力。

（2）界面损伤、基体开裂、纤维/基体脱粘和纤维断裂是三维四向和五向编织复合材料在拉伸试验中主要的损伤模式。三维五向编织复合材料内部大量轴向纱和编织纱线的断裂释放出较多的能量，使其产生了更为明显的损伤。

（3）三维编织复合材料的损伤演化过程与对应的声发射信号特征密切相关。基于幅度谱、概率分布和概率熵的声发射统计分析方法，可以很好地识别和评估三维编织复合材料不可逆的损伤状态与演化过程。

7.4 碳纤维三维编织复合材料弯曲损伤声发射特性

7.4.1 试验材料与声发射监测

试验所用碳纤维三维编织复合材料纤维体积含量约为 55%，具体编织角度和编织结构为：三维四向编织复合材料（30°）和三维五向编织复合材料（30°和20°）。用切割机将每种厚度为（4.7 ± 0.2）mm 的三维编织复合材料切成 60mm×20mm 的条形小试件，三种类型的三维编织复合材料试件分别对应于试件 A、B和 C，如图 7-26 所示。

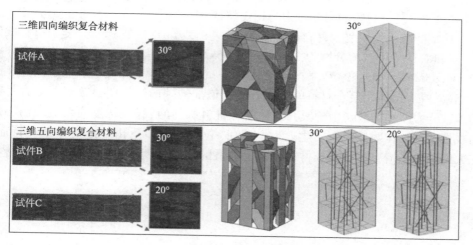

图 7-26　三种类型的三维编织复合材料试件

根据试验装置和条件要求，对三维编织复合材料试件进行短臂梁三点弯曲试验。在 LD24 力学试验机上，以 2mm/min 的加载速率进行了测试，试验跨距为48mm。在三点弯曲加载过程中，利用 DS2-8A 声发射仪实时监测复合材料弯曲损伤破坏的声发射信号，如图 7-27 所示。试验采用两个 RS-54A 声发射传感器，前置放大器增益为 40dB，传感器间距为 40mm。声发射监测试验前，通过多次断铅声源模拟，保证传感器与加载试件之间的良好声耦合。声发射信号采集的 PDT为 30μs，HDT 为 150μs，HLT 为 300μs，采样频率为 3MHz，门槛值为 10mV（40dB），以消除电气和机械噪声的干扰。

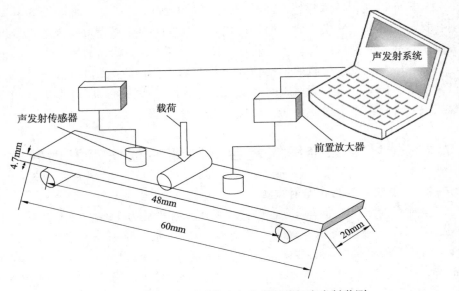

图 7-27　复合材料试件三点弯曲加载与声发射监测

7.4.2　复合材料的力学行为与损伤特征

典型的三维编织复合材料试件载荷-挠度曲线如图 7-28 所示。复合材料试件 A、B 和 C 的峰值载荷分别为 3.10kN、3.65kN 和 3.83kN，对应的弯曲强度分别为 537.95MPa、633.39MPa 和 664.63MPa，试件 A 的弯曲强度明显低于试件 B 和 C，在三维五向编织复合材料的编织方向上增加的轴向纱线明显改善了复合材料的承载能力。在加载初始阶段，三种复合材料试件的载荷-挠度曲线表现出相似的线性关系；在明显损伤发生之后，载荷-位移曲线显示出一定的非线性特征。在大编织角的情况下，复合材料表现出较低的抗弯强度和更明显的非线性特性，

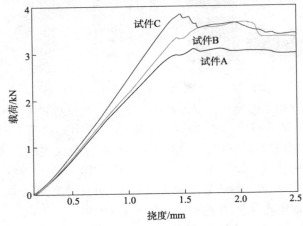

图 7-28　典型的三维编织复合材料试件载荷-挠度曲线

因此试件 B 在达到最大载荷之前也表现出非线性特性。此外，随着编织角的增加，载荷-位移曲线的斜率和峰值载荷减小，试件 C 的弯曲强度为 664.63MPa，高于试件 B 的弯曲强度，表明具有较小编织角的三维五向编织复合材料的抗弯曲性能更高。

典型三维编织复合材料试件的弯曲破坏特征如图 7-29 所示，三维编织复合材料的弯曲破坏机理与拉伸和压缩不同。

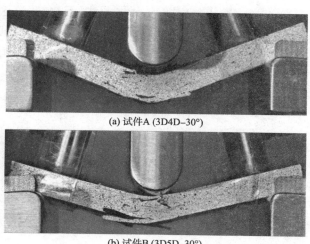

(a) 试件A (3D4D-30°)

(b) 试件B (3D5D-30°)

(c) 试件C (3D5D-20°)

图 7-29 典型三维编织复合材料试件的弯曲破坏特征

从图 7-29(a)可知，试件 A 的弯曲变形大，在受拉面(底面)上出现许多非常细小的裂纹，并观察到不规则的裂纹扩展。在试件 A 的受压侧(上表面)观察到轻微的弯曲折痕。从图 7-29(b)和(c)可以看出，试件 B 和 C 在断裂处有纤维拔出，大量的微裂纹沿纤维方向延伸。对于具有较大编织角的试件 B，大量的纤维被弯折，出现更明显的纤维剪切破坏。

7.4.3 复合材料损伤破坏的声发射行为

复合材料试件弯曲损伤的载荷、声发射撞击累积和幅度随时间变化关系如图 7-30 所示，根据复合材料试件表面出现明显的破坏情况，将整个损伤过程分为承载阶段和破坏阶段。在承载阶段，产生较少的声发射信号，撞击累积数较低；

随着弯曲载荷的增加，声发射信号不断增加。试件 A 的变形较大，并伴有分层，导致损伤模式更为复杂。从图 7-30(a)可以看出，在 50s 左右时，试件 A 的声发射撞击累积数急剧增加，承载阶段和破坏阶段均出现了较多幅度为 60~70dB 的声发射信号；由于复合材料试件没有完全断裂，大于 80dB 高幅度的声发射信号较少。相比之下，由于增加了轴向纱线，试件 B 和 C 在受拉和受压方向上具有更多的纤维，其变形范围更小，声发射撞击累积数的急剧上升出现得更早，如图 7-30(b)和(c)所示。试件 C 对应的声发射信号明显少于试件 B，这是因为编织角度越小，三维五向编织复合材料试件内部的纤维在编织方向上取向度越高，承载能力也较高，从而导致复合材料试件的变形和由损伤产生的声发射信号数量相对较少。

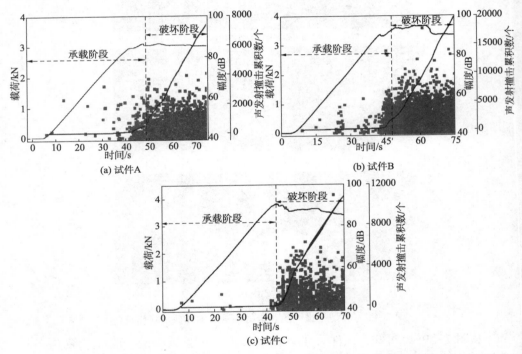

图 7-30　复合材料试件弯曲损伤的载荷-声发射撞击累积-幅度-时间变化

　　基于声发射信号的峰值频率和模糊聚类算法，复合材料试件弯曲损伤的声发射信号聚类分析结果如图 7-31 所示。对于峰值频率，声发射信号分布在 CL1、CL2 和 CL3 三类中，分别代表较低、稍高和较高的峰值频率。不同的频率簇对应于不同的损伤模式，其分布特性很好地反映了复合材料在不同阶段的弯曲损伤特征。

　　相应地，CL1、CL2 和 CL3 分别与基体开裂、脱粘、分层和纤维断裂等损伤有关。当弯曲载荷增加到最大值时，会产生更多高频率的信号，并同时引发三种

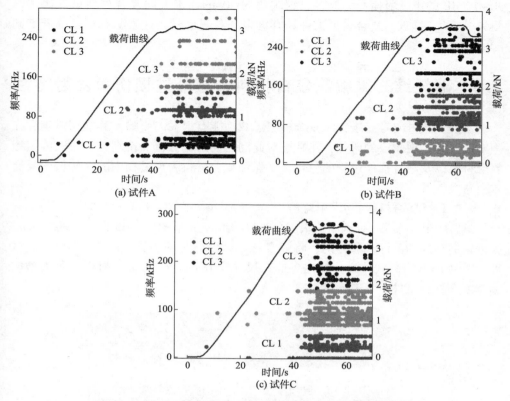

图 7-31 复合材料试件弯曲损伤的声发射信号聚类分析结果

类型的损坏模式。如图 7-31(a)所示，试件 A 在 CL2 簇集中的声发射信号少于其他两种类型的试件。这是因为它的损伤形式以裂纹扩展和严重断裂为主。从图 7-31(b)和(c)可以看出，试件 B 和 C 在失效点之后的高频信号相对密集，这表明分层和纤维断裂等复杂的破坏行为同时发生。结合三种类型编织复合材料试件的损伤破坏特征，证明了复合材料的声发射信号特征描述与实际损伤破坏的一致性。此外，与试件 B 相比，试件 C 具有小的编织角，纤维的取向度较高，有更多的纤维束承受载荷，当许多纤维同时断裂时，会产生较多的高频声发射信号。

7.4.4 结论分析

基于声发射实时监测技术，通过弯曲载荷下具有不同编织方式和不同编织角的三维编织复合材料力学性能和损伤破坏行为的分析，主要结论分析如下：

（1）碳纤维三维编织复合材料的弯曲载荷−挠度曲线在出现初始损伤时类似于线性，而在裂纹发生后呈现非线性。与三维四向编织复合材料相比，三维五向编织复合材料的弯曲力学性能得到显著增强。

（2）与三维四向编织复合材料相比，三维五向编织复合材料有大量幅度为

70~100dB 的声发射信号。此外，编织角为 20°的三维五向复合材料试件比编织角为 30°的三维五向复合材料试件具有更多的高频信号，这表明有更多的纤维同时断裂。

7.5 碳纤维三维编织复合材料多级渐进损伤声发射特性

不同承载方向对三维编织复合材料承载性能有很大的影响，其损伤机理存在一定的差异，现阶段的研究仍然缺乏对此问题的系统分析。特别是针对三维编织复合材料以及渐进损伤过程的分析，对保证复合材料服役过程中的结构健康具有重要意义。

7.5.1 试验材料与声发射监测

试验所用碳纤维三维五向编织复合材料的编织角为 30°，厚度为（4.7±0.2）mm。根据轴向纱线的不同承载方向，将复合材料试件分为两类，如图 7-32 所示。试件 A 为纵向弯曲，试件 B 为横向弯曲，尺寸为 60mm × 25mm。对于每种类型的编织复合材料试件重复三次试验。

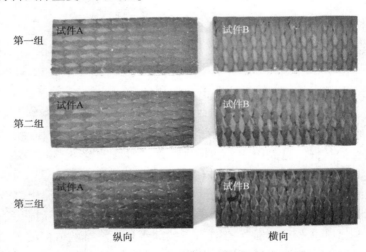

图 7-32　两种不同承载方向的复合材料试件

复合材料试件弯曲加载与声发射监测如图 7-33 所示，弯曲加载在 LD24 力学试验机上进行，采取位移控制加载方式，加载速率设定为 1mm/min，三点弯曲的跨距为 48mm。利用 DS2-8A 声发射仪进行实时监测，获取复合材料内部损伤产生的声发射信号。试验采用两个 RS-54A 声发射传感器，前置放大器增益为40dB，传感器间距为 40mm。每次试验前，通过断铅模拟声源验证传感器与试件之间的良好声耦合。通过多次试验确定，声发射信号的采集门槛设定为 10mV（40dB），采样频率为 3MHz。

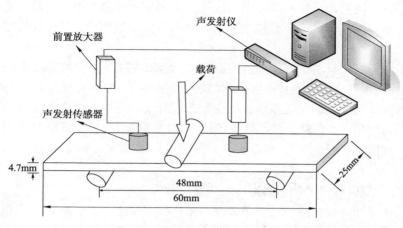

图 7-33 复合材料试件弯曲加载与声发射监测

7.5.2 复合材料试件弯曲力学响应

根据三维编织复合材料的力学性能，可以选择一些关键点（如拐点和最大载荷点）来分析其渐进损伤过程。在这些关键点相对应的应力水平下卸载，再重新加载到一个更高的应力水平卸载，然后重复此过程，直至复合材料试件弯曲失效破坏。复合材料试件的弯曲载荷-位移曲线与关键点选取如图 7-34 所示，两种类型的三个复合材料试件的力学响应均显示出良好的可重复性。纵向承载试件 A 和横向承载试件 B 的平均失效载荷分别为 5.86 和 0.99kN，其平均弯曲强度分别为764.5MPa 和 129.5MPa。试件 A 所对应的失效载荷和弯曲强度远高于试件 B。对于试件 A，载荷-位移曲线在初始阶段的线性特征更为明显；随着载荷的增加，逐渐转变为非线性。与试件 A 相比，试件 B 的载荷-位移曲线表现出明显的非线

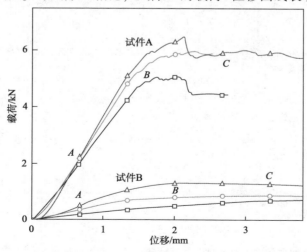

图 7-34 复合材料试件的弯曲载荷-位移曲线与关键点选取

性特征，弯曲挠度大，峰值载荷小。试件 A 的刚度大于试件 B，这是因为在横向弯曲过程中，试件 B 的力学性能主要由基体和横向纤维决定，基体对纤维束起支撑作用。

为了分析复合材料试件的渐进损伤破坏行为，在载荷-位移曲线上选择了三个应力水平（A 点、B 点和 C 点）。线性阶段选择点 A，以便检测在达到最大载荷之前是否发生了明显裂纹等损伤；B 点位于最大载荷附近，研究了在最大载荷下试件的损伤演化；C 点位于试件严重破坏点附近，以研究失效破坏状态下的声发射特性。按照选取的这三个应力水平，分别进行第 1 次、第 2 次和第 3 次重复加载。

7.5.3　复合材料试件弯曲损伤的声发射行为

一般来说，声发射信号的能量和撞击累积数的变化与复合材料内部损伤活动有关。重复加载条件下复合材料试件弯曲载荷、声发射能量和撞击累积随时间变化如图 7-35 所示。从图 7-35(a) 可以看出，第 1 次加载时，随着弯曲载荷的增加，试件 A 的声发射能量和撞击累积数大约在 50s(2.92kN) 处升高，但其数值远低于试件 B，这表明试件 A 在该阶段没有明显的损伤。试件 B 的声发射撞击累积数每次急剧增加时，均伴随着声发射能量的升高，能量值高达 5391mV·mS，这表明试件 B 可能已经出现严重的损伤。在该加载阶段，纵向承载的试件 A 和横向承载的试件 B 表现出明显的力学性能和声发射响应行为的差异。

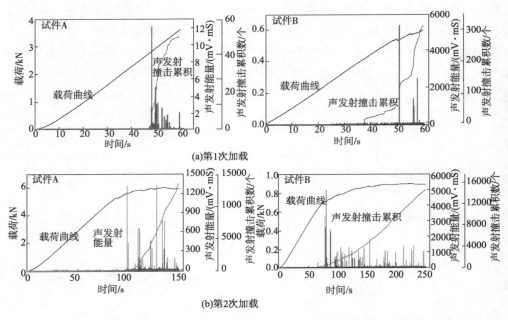

图 7-35　重复加载条件下复合材料试件弯曲载荷、声发射能量和撞击累积随时间变化

162

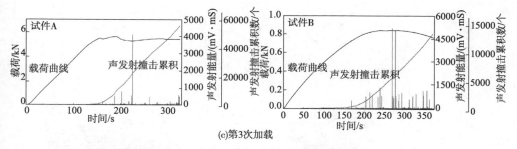

(c)第3次加载

图 7-35　重复加载条件下复合材料试件弯曲载荷、声发射能量和撞击累积随时间变化（续）

随后执行第 2 次加载至最大载荷，并获得对应的声发射信号特征，如图 7-35（b）所示。在第 2 次加载期间，在达到第 1 次加载的最大载荷之前，几乎没有声发射信号产生，满足 Kaiser 效应。随后，两种试件的声发射能量和撞击累积数均显著增加。这是由于基体开裂、纤维/基体脱粘等几种损伤破坏机制同时发生，复杂的损伤行为导致产生丰富的声发射信号。此外，两种类型试件的声发射能量值也存在明显差异，这可能是由不同的损伤模式引起的。

为了描述失效破坏点后演化的声发射响应，进行了第 3 次加载。从图 7-35（c）可以看出，试件 A 的声发射能量和撞击累积在失效点之后继续增加，而试件 B 的声发射能量和撞击累积没有明显变化。这是由于编织纱和纤维束在纵向加载过程中都承受载荷，达到失效点之后，试件 A 对应的声发射能量和撞击累积还会继续增加。对于试件 B，横向加载不能充分发挥轴向编织纱的承载作用，声发射信号主要是由纤维与基体之间的界面损伤引起。

重复加载条件下复合材料试件的声发射信号持续时间和幅度随时间变化如图 7-36 所示。

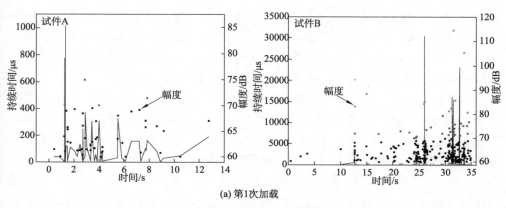

(a) 第1次加载

图 7-36　重复加载条件下复合材料试件的声发射信号持续时间和幅度随时间变化

163

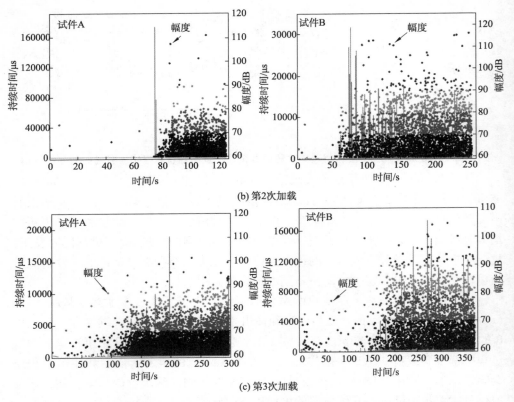

(c) 第3次加载

图 7-36 重复加载条件下复合材料试件的声发射信号持续时间和幅度随时间变化（续）

声发射信号的幅度和频率是两个重要的特征参数，这对于确定损伤模式具有重要意义。从图 7-36(a)和(b)可以看出，前 2 次加载时，试件 A 的幅度信号明显小于试件 B 的幅度信号。尤其是第 2 次加载时，试件 B 对应大量幅度大于 90dB 的声发射信号，表明横向承载的试件在基体开裂、纤维/基体脱粘、纤维断裂等多种损伤模式的作用下失效。如图 7-36(c)，试件 A 的幅度信号集中在第 3 次载荷后，纵向承载试件 A 抵抗弯曲损伤的能力优于横向承载试件 B。此外，复合材料试件在最大载荷的失效破坏一般对应高持续时间的声发射信号。

重复加载条件下复合材料试件的声发射信号频率分布如图 7-37 所示，不同的频率范围与不同的损伤模式有关。复合材料初始损伤以微裂纹的形式分布，0~50kHz 的频率范围一般与基体开裂有关。随着损伤程度的加剧，对应 50~150kHz 频率范围的裂纹扩展和纤维/基体脱粘出现，复合材料的纤维断裂对应着高于 150kHz 的频率范围。从图 7-37(a)可以看出，试件 A 在第 1 次加载时没有损伤，无对应的声发射信号。如图 7-37(b)所示，试件 B 在第 1 次加载时产生了一定的损伤，同时出现少量频率在 0~50kHz 和 50~150kHz 的声发射信号。在第

2 次加载后，试件 A 对应声发射信号的频率主要集中在 0~50kHz 的范围内，这表明基体的开裂占据主要的损伤模式。试件 B 对应声发射信号的频率主要集中在 50~150kHz 的范围内，并且出现频率高于 150kHz 的声发射信号，这表明试件 B 不仅发生了明显的纤维/基体脱粘和裂纹扩展，还发生了纤维断裂，并最终导致复合材料试件的失效破坏。由于纵向加载使更多的纤维束同时受力，纵向承载试件的强度和刚度高于横向承载试件，则试件 A 的损伤破坏对应更多各种频率范围的声发射信号。

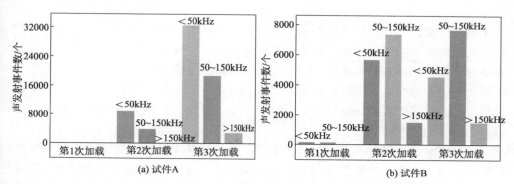

图 7-37　重复加载条件下复合材料试件的声发射信号频率分布

综上所述，声发射能量、撞击累积、幅度、持续时间和频率等特征参数可以描述复合材料的损伤积累和破坏过程，并利用 Kaiser 效应得以验证。

第8章 混杂纤维增强复合材料损伤声发射检测

碳纤维增强复合材料的脆性破坏导致其在结构设计中必须考虑较大的安全系数，有限的失效应变限制了实际的工程应用。为此，通过混杂纤维的方式成为改善碳纤维复合材料力学性能的重要途径。混杂纤维复合材料是由两种或两种以上不同类型的增强纤维与基体组合而成，以满足单一纤维增强复合材料所不能达到的特定要求。通常在碳纤维增强复合材料中引入玻璃纤维或芳纶纤维来改善复合材料结构的力学性能。

碳纤维的弹性模量高，断裂延伸率低，且价格较为昂贵；玻璃纤维具有弹性模量低、伸长率高、价格低等特点，将玻璃纤维和碳纤维混杂之后制备的碳/玻纤维增强复合材料具有良好的综合力学性能。影响混杂纤维增强复合材料力学性能的因素很多，混杂纤维的相对体积含量、纤维铺层方式、铺层数量等对碳/玻混杂复合材料的混杂效应具有不同程度的影响，研究碳/玻混杂复合材料的力学行为及其损伤破坏过程的声发射响应，能够为复合材料结构的无损评价、可靠性评估和健康监测提供有力的参考。

与玻璃纤维相比，芳纶纤维具有更高的韧性和抗冲击性能等优点。碳/芳混杂复合材料的混杂效果明显，既提高了复合材料的刚度，又增加了复合材料的极限应变，有效拓展了复合材料的应用范围。针对碳/芳混杂复合材料，在高应力区域采用碳纤维增强材料可有效提高复合材料的力学性能；层内混杂和层间混杂表现出不同的损伤破坏特征与失效机理，虽然层间混杂对应的比强度较高，但层内混杂具有更好的综合力学性能；层内混杂为渐进的损伤扩展，层间混杂为层间的严重分层破坏。

为了提高混杂纤维增强复合材料使用的可靠性和安全性，本章主要针对碳/玻和碳/芳两种混杂纤维增强复合材料，利用声发射技术监测其拉伸和弯曲加载过程中的损伤演化，研究其变形损伤中的动态损伤演化规律和破坏行为，促进该技术在混杂纤维增强复合材料结构无损检测与动态监测中的应用。

8.1 碳/玻混杂复合材料拉伸损伤声发射特性

8.1.1 试验材料与声发射监测

碳/玻混杂编织复合材料是采用真空辅助成型树脂浸渍的方法，将8层

200mm×200mm 方形碳/玻璃纤维混杂斜纹编织布(6k, 330g/m^2)铺设后灌注成型复合材料板,所用环氧树脂(Araldite LY 1564 SP)与固化剂(Aradur 3486)的质量比为 100 : 34。制备的复合材料层合板在室温固化48h,然后在干燥箱内100℃后固化8h,冷却至室温,复合材料板的孔隙率小于1%。经过切割加工获得170mm×25mm×3mm 的长条形试件,如图8-1所示。为了研究碳/玻混杂复合材料在碳纤维方向和玻璃纤维方向的拉伸力学性能和损伤破坏行为,试件 A 的主要加载纤维为碳纤维,试件 B 的主要加载纤维为玻璃纤维。为保护复合材料试件不受夹具损伤以及消除噪声影响,在复合材料试件两端粘接长度为40mm的等宽度铝片,对应每种类型的有效复合材料试件不少于5个。

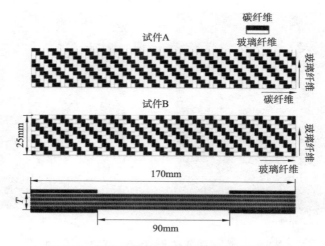

图8-1 两种类型的碳/玻混杂复合材料试件

碳/玻混杂斜纹编织复合材料试件拉伸试验在 CMT5305 型万能拉压试验机上进行,加载的同时,采用声发射技术实时监测试件的损伤演变过程,如图8-2所示。试验采用两个频率范围为 100~900kHz 的 RS-54A 型宽频带声发射传感器采集信号,传感器与复合材料试件之间用高真空油脂耦合。测试之前,利用断铅模拟声源来验证传感器与试件的耦合性。在复合材料试件中间部分用502胶水粘贴电阻应变片,测量其拉伸过程中的应变变化。为了避免试验机运行时产生的噪声影响,将声发射系统的信号采集门槛设置为10mV(40dB),声发射信号的采样频率设置为5MHz。通过声发射信号的幅度、峰值频率和撞击累积数等典型的特

图8-2 复合材料试件拉伸
试验与声发射监测

征参数, 研究复合材料试件的损伤演化行为。

8.1.2 复合材料拉伸力学性能

基于一系列复合材料试件的拉伸试验, 分别获得碳纤维拉伸方向试件 A 和玻璃纤维拉伸方向试件 B 的平均失效载荷为 38.58kN 和 29.95kN, 标准偏差分别为 1.76kN 和 0.46kN。碳纤维拉伸方向的失效载荷明显大于玻璃纤维拉伸方向的失效载荷。碳/玻混杂编织复合材料试件的断裂特征如图 8-3 所示。从图 8-3(a)可以看出, 碳纤维方向加载试件 A 的断口整齐, 表现为脆性断裂特征, 断口处的白色纤维束为玻璃纤维, 断裂时横向玻璃纤维束受剪切力作用, 发生断裂。如图 8-3(b)所示, 玻璃纤维方向加载试件 B 的断口不整齐, 呈倾斜状。

(a) 试件A   (b) 试件B

图 8-3　碳/玻混杂编织复合材料试件断裂特征

为了更深入地认识碳/玻混杂斜纹编织复合材料的损伤特征, 利用扫描电镜对拉伸断裂后的试件进行表征, 图 8-4 为复合材料试件断口的破坏特征。图中可以清晰地观察到玻璃纤维拔出和纤维断裂损伤, 纤维断裂处伴随着基体开裂损伤。碳纤维与玻璃纤维交叉部分存在空隙, 在试件拉伸加载时容易受力不均匀, 产生剪切应力。

图 8-4　复合材料试件断口的破坏特征

8.1.3 复合材料的声发射响应行为

基于获得的碳/玻混杂斜纹编织复合材料试件在拉伸过程中的声发射信号，分析碳纤维拉伸方向和玻璃纤维拉伸方向相关信号的幅度、能量和持续时间等特征参数，进一步描述复合材料试件在拉伸加载条件下的损伤演化过程。

复合材料试件损伤的声发射信号幅度和撞击累积随时间变化如图8-5所示。从图8-5(a)可以看出，试件A的损伤破坏可分三个阶段：0~80s为初始阶段，80~260s为损伤累积阶段，260~310s为破坏阶段。撞击累计数在50s和200s处急剧升高，并且高幅度信号也明显增多，表示试件损伤增加，50s和200s分别处于初始阶段和损伤累积阶段，试件基体与纤维发生损伤。在破坏阶段，50~70dB低幅度的声发射信号明显增多，基体损伤严重，80~100dB高幅度的声发射信号增多说明纤维损伤增多，随着载荷的继续增加，试件最终断裂。图8-5(b)中试件B的损伤破坏可分两个阶段：0~250s为损伤累积阶段，250~340s为破坏阶段。在损伤累积阶段，随着载荷的不断增加，声发射事件不断增多，撞击累积数平稳增长，高幅度信号不断增加；直到250s左右，撞击累积数曲线突然上升，声发射事件明显增多，低幅度和高幅度的声发射信号同时增多，试件的基体和纤维损伤不断加剧，直至最终破坏。

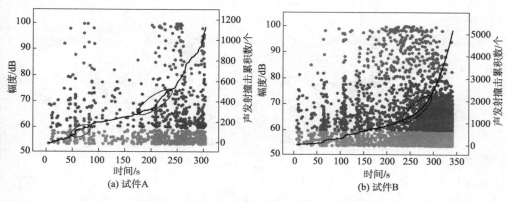

(a) 试件A   (b) 试件B

图8-5　复合材料试件损伤的声发射信号幅度和撞击累积随时间变化

复合材料试件损伤的声发射能量和载荷时间历程如图8-6所示。在加载初始阶段，试件A和试件B均有较高能量的声发射事件产生，与加载初期高幅度的声发射信号对应，由于噪声的影响，基体损伤及试件边缘部分的纤维断裂产生高幅度、高能量的声发射事件。

从图8-6(a)可以看出，试件A进入损伤累积阶段后期，才产生较多高能量的声发射事件，声发射能量达到最高值。图8-6(b)中的试件B在损伤累积阶段，持续出现较高能量的声发射事件；随着载荷的继续增加，出现大量低能量的声发射信号，复合材料试件的损伤累积不断加剧，直至最终拉伸破坏。

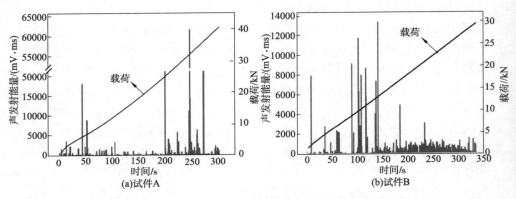

图 8-6　复合材料试件损伤的声发射能量和载荷时间历程

复合材料试件损伤的声发射信号幅度和持续时间随时间变化如图 8-7 所示。

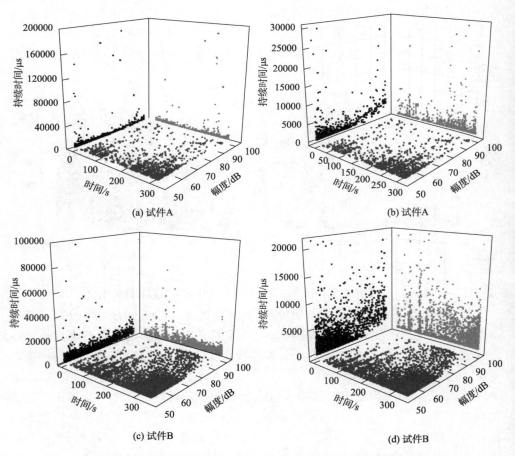

图 8-7　复合材料试件损伤的声发射信号幅度和持续时间随时间变化

从图 8-7(a)和(c)可以看出，试件 A 损伤的声发射信号最大持续时间比试件 B 的最大持续时间长，声发射信号的持续时间主要集中在 0~20000μs。为描述复合材料试件损伤的声发射信号持续时间随时间变化关系，分别将最大持续时间设置为 21000μs 和 31000μs，如图 8-7(b)和(d)所示。声发射信号的持续时间和幅度变化趋势相同，随着幅度升高，持续时间不断增加。声发射信号的幅度、撞击累积、能量和持续时间等特征具有良好的对应关系，能有效描述复合材料试件的拉伸损伤演化过程。

复合材料试件损伤的声发射信号峰值频率随时间变化如图 8-8 所示，试件 A 和试件 B 的峰值频率分布大致相同，呈密集分布。从图 8-8(a)可以看出，出现峰值频率为 300~500kHz 的声发射事件对应纤维断裂损伤模式。与试件 A 相比，试件 B 在整个损伤演化过程中对应各频率范围的声发射信号较多，如图 8-8(b)所示。这表明试件 B 中基体损伤、纤维/基体脱粘和纤维断裂等各种损伤模式产生的声发射信号明显增多。

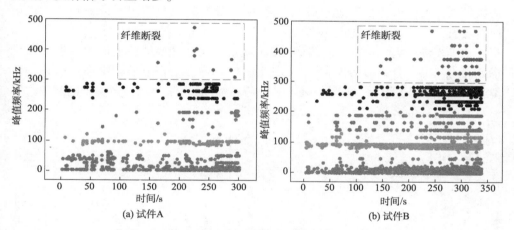

图 8-8　复合材料试件损伤的声发射信号峰值频率随时间变化

从声发射信号的峰值频率分布来看，并不能清楚地辨别碳纤维拉伸方向试件 A 和玻璃纤维拉伸方向试件 B 对应的纤维损伤类型。可以借助声发射信号的峰值频率、幅度、能量等多参数的聚类分析，更好地描述碳/玻混杂编织复合材料的损伤演化行为。

8.1.4　声发射信号的聚类分析

声发射信号的输出包括幅度、持续时间、上升时间、能量、RA 值(上升时间除以幅度)、峰值频率和质心频率等特征参数，利用主成分分析法选取幅度、峰值频率和 RA 值三个特征参数进行声发射信号的模糊聚类分析。DB 和 Sil 指数评估的最优聚类数如图 8-9 所示。

最佳聚类数具有最小 DB 指数和最大 Sil 指数，该指数在 2 到 10 之间选择。

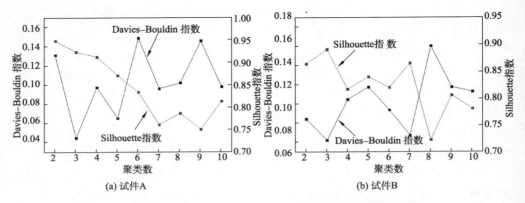

(a) 试件A   (b) 试件B

图 8-9   Davies-Bouldin 和 Silhouette 指数评估的最优聚类数

从图 8-9(a)可以看出，试件 A 的聚类数为 3 时，DB 指数最小，Sil 指数排在第 2 位，相对较高。如图 8-9(b)所示，试件 B 的聚类数为 3 时，DB 指数最小，Sil 指数最大，可以保证聚类效果最佳。为此，把碳/玻混杂编织复合材料试件损伤的声发射信号最佳聚类数定为 3。

基于模糊聚类分析方法，将碳/玻混杂编织复合材料试件损伤的声发射信号特征分为三类，分别命名为 CL1、CL2 和 CL3。声发射信号按幅度和峰值频率分类结果如图 8-10 所示，信号的峰值频率分布如图 8-11 所示，各类型的聚类边界和声发射信号的数量见表 8-1。

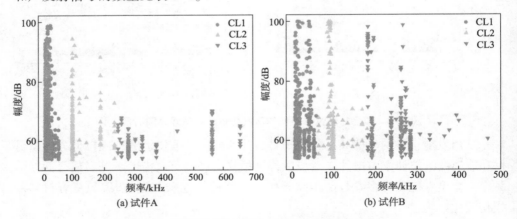

(a) 试件A   (b) 试件B

图 8-10   声发射信号按幅度和峰值频率分类结果

从图 8-10(a)可以看出，复合材料试件 A 在 CL1 类中的信号峰值频率较低，大部分声发射信号的频率集中在 0~50kHz；在 CL2 类中的信号峰值频率略高，主要集中在 90~200kHz；在 CL3 类中的信号峰值频率分布在 300kHz 以上。如图 8-10(b)所示，试件 B 在 CL1 类中的声发射信号峰值频率范围为 0~50kHz，在 CL2 类中的信号峰值频率范围为 80~150kHz，在 CL3 类中的信号峰值频率高于

200kHz。一般来说，CL1 类声发射信号与基体开裂模式有关，这种开裂通常发生在复合材料试件的损伤演化阶段；随着损伤程度的加剧，微裂纹损伤不断累积及扩展，发生由 CL2 类声发射信号对应的纤维/基体脱粘损伤。

表 8-1　各类型的聚类边界和声发射信号的数量

聚类类别	试件 A		试件 B	
	频率/kHz	数量	频率/kHz	数量
CL1	2.2~49.8	912	1.5~52.7	449
CL2	90.8~234	138	56.4~175	172
CL3	246~656	135	177~468	229

在达到破坏载荷之前，复合材料试件中会出现 CL3 类声发射信号对应的纤维断裂损伤。从图 8-11 和表 8-1 可以看出，不同损伤模式对应的频率范围不同。碳纤维在三种损伤模式下声发射信号的频率范围分别在 0~50kHz、90~200kHz 和 300kHz 以上，玻璃纤维损伤模式下声发射信号的频率范围分别在 0~50kHz、80~150kHz 和 200kHz 以上，玻璃纤维界面脱粘和纤维断裂对应的信号频率范围低于碳纤维的情形。

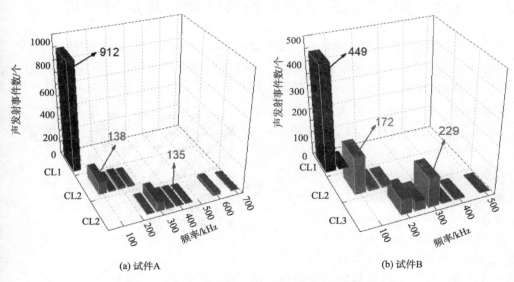

(a) 试件A　　　　　　　　　　(b) 试件B

图 8-11　声发射信号的峰值频率分布

根据模糊聚类分析方法，将声发射信号分为三个簇，每个簇对应一种特定的损伤模式，包括基体开裂、纤维/基体脱粘和纤维断裂模式。模糊聚类算法很好地反映了复合材料损伤演化的声发射信号动态响应行为，并识别复合材料的不同损伤模式。

8.1.5 结论分析

通过声发射监测碳/玻混杂斜纹编织复合材料的拉伸损伤演化过程，分析了声发射信号幅度、撞击累积、持续时间、峰值频率等特征，利用模糊聚类方法对声发射信号进行处理，描述复合材料试件的损伤破坏机理，主要结论分析如下：

（1）碳/玻混杂复合材料碳纤维拉伸方向的损伤过程分为三个阶段：初始阶段、损伤累积和破坏阶段，玻璃纤维拉伸方向的损伤过程分为两个阶段：损伤累积和破坏阶段。试件 A 进入损伤累积阶段后期，才产生较多高能量的声发射事件，声发射能量达到最高值。试件 B 损伤累积阶段主要对应 50～70dB 低幅度的声发射信号，随着载荷增加，80～100dB 的高幅度信号逐渐增多，峰值频率在 300～500kHz 的声发射信号对应纤维断裂损伤。

（2）根据模糊聚类分析，碳/玻混杂斜纹编织复合材料在拉伸损伤过程中的声发射信号可以分为三类：CL1、CL2 和 CL3，每种类别的声发射信号对应不同的损伤模式。CL1 类信号对应基体开裂，CL2 类信号对应纤维/基体脱粘损伤，CL3 类信号对应纤维断裂损伤，玻璃纤维界面脱粘和纤维断裂对应的信号频率范围低于碳纤维的情形。

8.2　碳/芳混杂复合材料拉伸损伤声发射特性

针对碳/芳混杂编织复合材料，分别进行碳纤维方向和芳纶纤维方向声速衰减测定，利用声发射技术有效获取复合材料拉伸加载损伤过程中对应的动态信号，分析碳/芳混杂编织复合材料拉伸变形与损伤破坏行为，为碳/芳混杂复合材料结构设计和无损评价提供基础。

8.2.1 试验材料与声发射监测

试验所用碳/芳混杂编织复合材料由 6 层碳/芳层内混杂斜纹编织布铺设后，利用真空辅助树脂灌注方法成型，图 8-12 为具体的铺层顺序和试件类型。试件 A 以 6 层相同纤维方向的编织布铺设，试件 B 以 3 层碳纤维取向和 3 层芳纶纤维取向的编织布交替铺层。复合材料灌注成型后，室温固化 48h，100℃后固化 8h，获得复合材料的纤维体积分数为 60% 左右，厚度为（1.5 ± 0.02）mm，最后切割成 250mm × 25mm 的长条形试件。

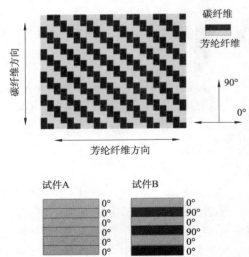

图 8-12　碳/芳混杂编织复合材料拉伸试件

为避免试验机夹持部位损坏试件，降低机械噪声影响，将 40mm × 25mm 的铝片粘在复合材料试件的两侧。

在碳/芳混杂编织复合材料板切割成拉伸试件前，对复合材料板进行声波的衰减测定。如图 8-13 所示，试验采用四个声发射传感器，传感器间距离均为 4cm。以高真空硅脂为耦合剂，结合断铅人工模拟声发射源（距最近传感器距离为 3cm），分别对复合材料进行芳纶纤维方向和碳纤维方向的衰减测定，各测点至少获取 5 个以上的有效数据。

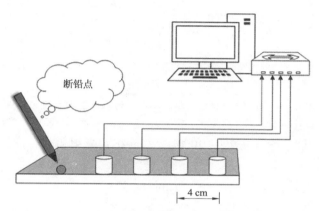

图 8-13　碳/芳混杂编织复合材料板的声波衰减测定

碳/芳混杂编织复合材料试件的拉伸加载在 CMT5305 型万能拉压试验机上进行，采用位移控制方式，加载速率设定为 2mm/min，同时利用 DS2-8A 声发射仪获得试件损伤破坏对应的声发射信号。复合材料的拉伸测试选用两个 RS-54A 型的声发射传感器进行监测，其中心距离为 60mm，采样频率为 3MHz。经过多次试验，将信号采集门槛设为 10mV（40dB）。

8.2.2　复合材料的幅度衰减特性

结合碳/芳混杂编织复合材料幅度衰减试验，获得的声发射信号沿碳纤维和芳纶纤维方向衰减特性如图 8-14 所示。声发射信号在编织复合材料两个方向的衰减特性均表现出较好的可重复性。当传播距离较短时（12cm 以内），声发射信号沿碳纤维方向的衰减明显低于沿芳纶纤维方向的衰减；随传播距离增加，最后趋于相同。可见，声波在复合材料中沿芳纶纤维方向传播时，能量被吸收和散射的效果更为明显，进而导致较快的衰减特性。

8.2.3　复合材料的力学响应与声发射行为

碳/芳混杂编织复合材料试件拉伸载荷与声发射能量时间历程如图 8-15 所示。各类试件在拉伸试验过程均表现出较好的线性特征，试件 A 沿芳纶纤维和碳纤维方向的拉伸失效载荷分别为 11.93kN 和 17.35kN；试件 B 的拉伸失效载荷为 14.46kN。从图 8-15(a) 可以看出，试件 A 沿芳纶纤维方向加载初期，声发射能

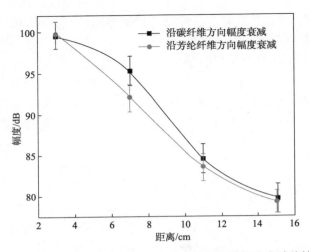

图 8-14　碳/芳混杂复合材料不同纤维取向的幅度衰减特性

量基本在 250mV·ms 以下，也包括少量高能量的声发射信号。随拉伸载荷的进一步增加，出现较多能量在 250～2000mV·ms 的声发射信号，这与加载方向上的芳纶纤维损伤破坏有关。

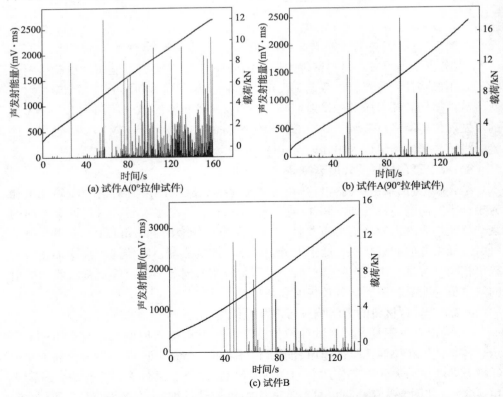

图 8-15　复合材料试件拉伸载荷与声发射能量时间历程

与图 8-15(a)相比，当试件 A 沿碳纤维方向加载时，碳纤维承受主要载荷。由于碳纤维本身的高强度和低韧性，在复合材料整个拉伸失效过程，声发射信号相对较少，其能量主要集中在 500mV·ms 以下，如图 8-15(b)所示。结合图 8-15(c)，B 类试件拉伸加载过程对应的声发射信号介于上述两种情况之间，加载中期声发射信号的能量主要集中在 500~3500mV·ms；加载后期声发射信号的能量主要在 500mV·ms 以下，伴有少量高能量的声发射信号，这分别对应芳纶纤维和碳纤维的失效。可见，利用声发射技术能有效区分混杂编织复合材料中芳纶纤维和碳纤维的损伤破坏行为。

碳/芳混杂编织复合材料拉伸加载过程对应的声发射撞击累积数、幅度时间历程如图 8-16 所示。试件 A 沿芳纶纤维和碳纤维方向加载对应的声发射撞击累积数分别为 17421 和 4649，试件 B 对应的声发射撞击累积数为 5914。从图 8-16(a)可以看出，A 类复合材料试件沿芳纶纤维方向加载时，产生的声发射信号较多。

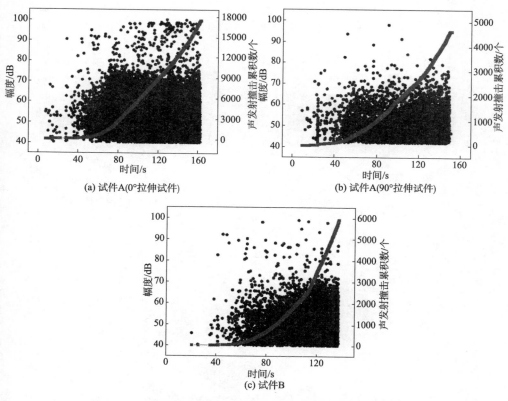

图 8-16　复合材料试件的声发射撞击累积数和幅度时间历程

加载初期，声发射幅度信号主要集中在 40~70dB；随拉伸载荷增加，逐步出现 70dB 以上的声发射信号，这与该方向上的芳纶纤维损伤失效有关。与图 8-16

（a）相比，A 类试件沿碳纤维方向加载时，对应的声发射信号较少，高幅度信号也明显减少，如图 8-16（b）所示。这是由于碳纤维拉伸弹性模量高于芳纶纤维，碳纤维在拉伸失效前仅产生较小的应变。从图 8-16（c）可以看出，B 类复合材料试件在整个加载过程中对应的声发射信号幅度介于上述两种情况之间。这说明 B 类复合材料试件主方向同时包括碳纤维和芳纶纤维，在拉伸损伤破坏过程伴随着两种纤维的混杂效应。

图 8-17 为碳/芳混杂编织复合材料试件拉伸损伤破坏过程对应的声发射持续时间、幅度时间历程。从图 8-17（a）可以看出，A 类复合材料试件芳纶纤维方向加载初期，声发射信号持续时间主要集中在 2000μs 以内，幅度在 65dB 以下；随拉伸载荷增加，逐步出现较多 2000~8000μs 的声发射信号，其幅度在 40~100dB整个范围内均有覆盖，这说明具有较高持续时间的声发射信号同时包含高、低幅度成分。A 类复合材料试件碳纤维方向加载破坏过程对应的声发射信号较少，如

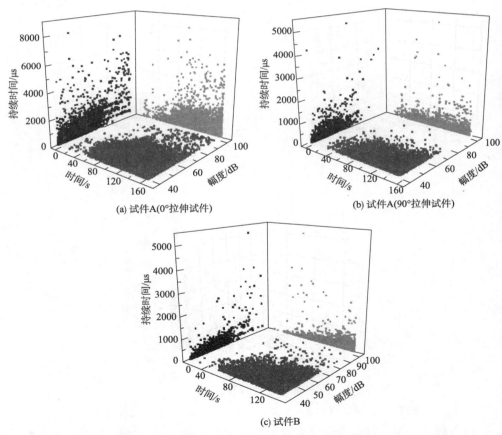

图 8-17　复合材料试件的声发射持续时间和幅度时间历程

图 8-17(b)所示。与芳纶纤维方向加载相比，复合材料损伤过程对应 65dB 以上的声发射信号较少，且绝大部分声发射信号的持续时间低于 2000μs，这与加载方向上碳纤维的损伤有关。B 类试件加载方向上同时包括碳纤维和芳纶纤维，其拉伸破坏过程分别对应碳纤维和芳纶纤维的失效，而芳纶纤维的弹性模量明显低于碳纤维，进而导致两类纤维的应力水平不同。

从图 8-17(c)可以看出，B 类试件损伤破坏过程对应的声发射信号持续时间也主要集中在 2000μs 以内，部分声发射信号的持续时间在 2000～10000μs 之间，且具有较高的幅度(70～100dB)。可见，声发射信号的幅度、撞击数、能量、持续时间等特征参数能较好地反映碳/芳混杂编织复合材料损伤破坏的响应过程。

8.2.4 结论分析

利用声发射技术对碳/芳混杂编织复合材料沿芳纶纤维方向和碳纤维方向的幅度衰减进行测试，有效获取了拉伸加载过程对应的声发射动态信号，分析了复合材料拉伸加载过程中的变形损伤演化和破坏行为，主要结论分析如下：

(1)相同距离条件下，当传播距离较短时(12cm 以内)，声发射信号沿芳纶纤维方向的衰减明显高于沿碳纤维方向的衰减；随传播距离增加，最后趋于相同。声波在碳/芳混杂编织复合材料中沿芳纶纤维方向传播时，能量被吸收和散射的效果更为明显。

(2)碳/芳混杂编织复合材料 A 类试件沿芳纶纤维方向的韧性最好，沿碳纤维方向的拉伸强度最大；B 类复合材料试件(主方向同时包括碳纤维和芳纶纤维)的拉伸强度高于 A 类试件芳纶纤维方向加载强度值，韧性优于 A 类试件碳纤维方向加载的韧性。

(3)碳/芳混杂编织复合材料拉伸损伤破坏过程对应的声发射特征信号能量、幅度、撞击累积数及持续时间等特征参数能较好地反映复合材料拉伸损伤演化和破坏行为。在 A 类试件拉伸损伤破坏过程中，加载初期，声发射信号以 70dB 以下的低幅值为主，声发射能量主要集中在 2000μs 以内；随拉伸载荷增加，纤维部分失稳，碳纤维断裂，并伴有高幅度和高能量的声发射信号出现；随着损伤累积，芳纶纤维相继出现纤维断裂损伤，直至断裂。

8.3 碳/芳混杂复合材料弯曲损伤声发射特性

8.3.1 试验材料与声发射监测

碳/芳混杂编织复合材料制备选用碳/芳层内混杂斜纹编织布铺设 30 层后，进行真空辅助灌注工艺成型，具体铺层顺序和方法如图 8-18 所示。

所用 3329A 环氧树脂与 3329B 固化剂的质量比为 100∶40。获得的复合材料层合板室温固化48h，130℃后固化 8h，其厚度为(6.7 ± 0.1)mm，最后将复合材

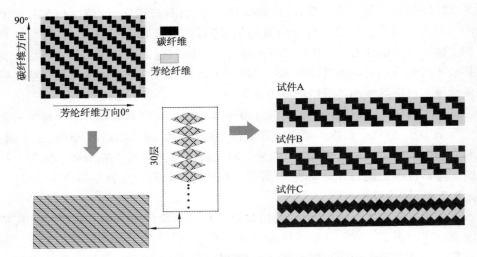

图 8-18　碳/芳混杂编织复合材料的铺层顺序和试件类型

料板切成 160mm × 25mm 的长条形试件。三类复合材料试件如下：碳纤维主要加载方向为试件 A、芳纶纤维主要加载方向为试件 B、45°加载方向为试件 C。

图 8-19　复合材料试件弯曲加载与声发射监测

复合材料试件弯曲加载与声发射监测如图 8-19 所示。三点弯曲测试在 LD24 型力学试验机上进行，采用位移控制加载方式，加载速率设为 2mm/min，跨距为 112mm；利用声发射仪进行实时监测，获取弯曲加载过程中的声发射信号。试验采用两个 VS900-RIC 声发射传感器，其间距为 80mm，传感器与试件表面由高真空硅脂耦合后，用胶带固定。为了减少各类噪声的影响，通过多次试验，将信号采集门槛设为 40dB，信号采样频率设为 3MHz。

8.3.2　复合材料的弯曲力学性能

基于碳/芳混杂编织复合材料厚板的三点弯曲力学试验，获得各种类型试件的最大弯曲载荷和抗弯强度。试件 A、B 和 C 的平均最大弯曲载荷分别为 3.04kN、2.0kN 和 0.93kN，对应的标准偏差分别为 0.189kN、0.12kN 和 0.084kN。试件 A、B 和 C 的平均弯曲强度分别为 455MPa、299MPa 和 139MPa，对应标准偏差分别为 28.04MPa、18.11MPa 和 12.58MPa。厚的碳/芳混杂复合材料的失效机理与薄的复合材料的失效机理不同，复合材料经纱和纬纱交错排列，不同纤维取向的试件弯曲力学性能存在明显差异。在弯曲加载过程中，由于张力引起的三维应力状态导致压接处位置的损坏提前发生；随着载荷的增加出现基体开裂和分层的现象。试件 A 在加载后的弯曲位移很小，缺乏韧性并且具有有限的破坏应变。与试件 A 相比，试件 B 表现出大的弯曲位移，表明其具有高韧性特征。试件 A 的损伤主要发生在顶部，试件 B 的损伤从底部裂纹开始，这归因于试件的厚度和材料的主要方向。试件 C 显示出明显的弯曲位移，并且在表面上没有发现裂纹。

8.3.3 声发射信号特征分析

不同的声发射事件对应着多种不同损伤机理，典型复合材料试件弯曲载荷与声发射能量随时间变化如图 8-20 所示。在加载的初始阶段没有明显损伤，声发射信号的能量相对较低。当载荷达到一定水平时，试件 A 的声发射能量逐渐超过 2000mV·ms，如图 8-20(a) 所示，这与基体裂纹和分层等损伤的发生有关。在破坏阶段，试件 A 的声发射能量显著增加，直到裂纹尖端区域周围产生明显的微损伤累积，其最大值达到 8214mV·ms。

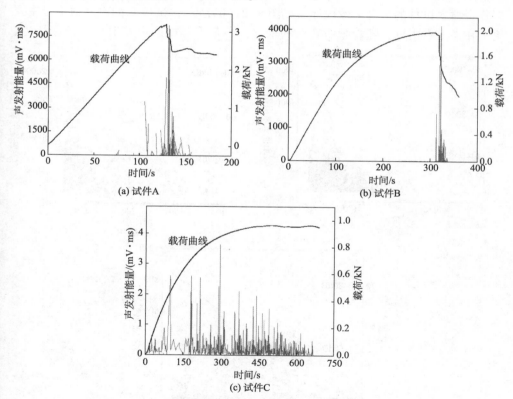

(a) 试件A   (b) 试件B

(c) 试件C

图 8-20　复合材料试件弯曲载荷与声发射能量随时间变化

试件 B 加载初期，未发生明显的微损伤，只产生少量 0~20mV·ms 低能量的声发射事件，这与试件 B 的高韧性特性有关。随着载荷的增加，试件 B 声发射信号的能量显著增大，直至裂纹尖端区域出现明显的微损伤累积，其最大值为

4138mV·ms，如图8-20(b)所示。试件C的相对能量分布在0~4mV·ms的范围内，如图8-20(c)所示，这与试件C在试验过程中没有明显的损坏有关。因此，较高水平的声发射能量与严重地微损伤累积相关，声发射信号的能量与复合材料试件的损伤机制具有良好的一致性。

在获得的声发射特征参数中，声发射幅度因其在表征和描述复合材料损伤演变方面的简单性而被广泛使用。复合材料试件的声发射幅度和撞击累积随时间变化如图8-21所示。从图中可以看出，在加载初始阶段，声发射信号较少，幅度相对较低，撞击累积数的斜率变化不大，该阶段采集的声发射信号主要是噪声信号。随着弯曲载荷的增加，试件A出现部分幅度在40~80dB的声发射信号，撞击累积数的变化仍处于较低水平，如图8-21(a)所示，此时对应微损伤的起始。当加载到120s左右时，声发射信号的幅度水平呈现出明显的上升趋势，撞击累积数急剧上升，基体开裂、纤维/基体脱粘和纤维断裂等损伤模式同时发生，直至复合材料试件的最终失效破坏。如图8-21(b)所示，试件B的声发射信号主要集中在失效点附近，随着弯曲载荷的增加，各范围幅度的声发射信号急剧增多，

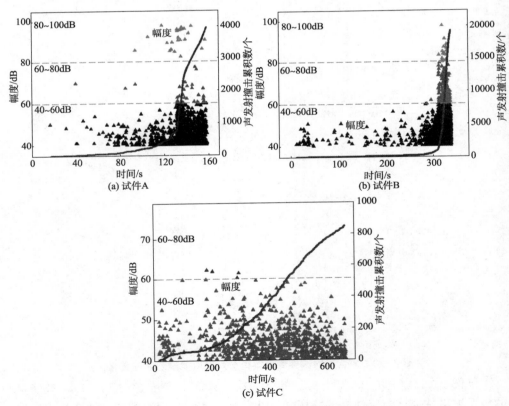

图8-21　复合材料试件的声发射幅度和撞击累积随时间变化

撞击累积数的斜率迅速增大。如图 8-21(c)所示，试件 C 在试验过程中未检测到明显的高幅度信号，幅度水平在 60dB 以下，这与试件 C 没有发生明显的损伤有关。

复合材料试件的声发射峰值频率、持续时间和幅度之间的关系如图 8-22所示。从图 8-22(a)中可以看出，在加载初始阶段，试件 A 对应的声发射信号幅度基本在 60dB 以下，相应的信号持续时间主要分布在 5000μs 以下。随着损伤的不断累积，有高幅度和长持续时间(10000~45000μs)的声发射信号出现。

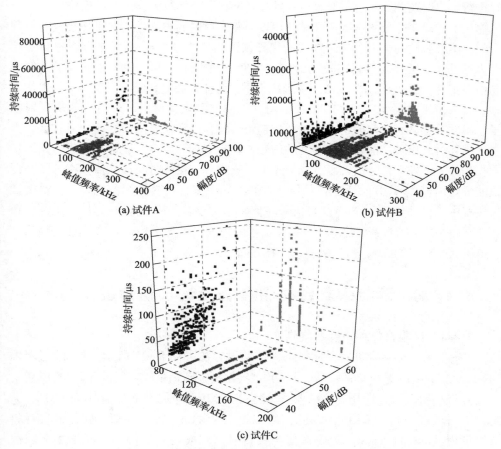

图 8-22 复合材料试件的声发射峰值频率、持续时间和幅度之间的关系

与试件 A 相比，试件 B 包括长持续时间和短持续时间的声发射信号，其最大值为 35000μs，如 8-22(b)所示，这与芳纶纤维的高韧性有关。试件 C 的声发射幅度主要为 40~60dB，持续时间小于 270μs，如图 8-22(c)所示。在整个试验过程中，声发射信号的峰值频率主要分布在 60~200kHz 范围内，且在试件 A 和

B 的声发射信号中均存在 250~400kHz 的高频率信号，这些高频信号的幅度水平大多较低。试件 C 的峰值频率范围为 100~200kHz。对于试件 A 和 B，在试件断裂之前均存在微损伤的累积，对应的高幅度和长持续时间的声发射信号与试件破坏机理有关。

声发射信号的能量、幅度分布、撞击累积、持续时间和峰值频率等特征可以有效地描述碳/芳纶混杂编织复合材料厚板的损伤破坏行为。

8.3.4　结论分析

利用声发射技术对三点弯曲载荷下不同纤维取向的厚层碳/芳混杂编织复合材料进行了实时监测，研究了复合材料的损伤演化和破坏行为，主要结论分析如下：

（1）纤维的主要承载方向和试件厚度对复合材料的力学性能和损伤模式有显著影响。碳纤维的高强度和芳纶纤维的优异韧性明显改善了碳/芳混杂复合材料的综合力学性能，试件 A 表现出较高的抗弯强度和准脆性行为，试件 B 展现了良好的韧性，试件 C 的弯曲刚度较低，变形抗力小，弯曲加载过程没有出现明显的损伤。

（2）由于主要承载纤维的形式不同，三种类型复合材料试件对应的声发射能量、幅度等参数有一定差别。在加载的初始阶段，声发射能量和幅度相对较低，当发生损坏时，出现高能量和高幅度的信号，较高水平的声发射能量与严重地微损伤累积相关。声发射信号的幅度、能量、撞击累积数、持续时间和峰值频率等特征参数能较好地描述不同纤维取向厚层碳/芳混杂编织复合材料的损伤机理。在整个试验过程中，试件 A 和 B 的声发射信号峰值频率主要分布在 60~200kHz 范围内，存在 250~400kHz 的高频率信号，且高频信号的幅度水平大多较低；试件 C 的峰值频率范围为 100~200kHz，信号幅度水平在 60dB 以下，持续时间小于 270μs。

8.4　碳/芳混杂复合材料多级渐进损伤声发射特性

8.4.1　试验材料和声发射监测

两种碳/芳混杂编织复合材料试件的铺设方法如图 8-23 所示。将 20 层双轴向碳/芳混杂斜纹编织布铺设后，采用真空辅助树脂灌注方法，制备碳/芳混杂编织复合材料层合板，所用 3329A 环氧树脂与 3329B 固化剂的质量比为 100：40。复合材料板成型后，室温固化 48h，130 ℃后固化 8h，自然冷却，获得复合材料的厚度为（4.4±0.1）mm。最后将复合材料板切割成两类试件：碳纤维主要承载的为试件 A，芳纶纤维主要承载的为试件 B，每类四个试件。考虑到显微 CT 扫描的需要，短梁弯曲试件的尺寸取为 60mm×20mm。

复合材料多级弯曲渐进损伤测试在 LD24 力学试验机上进行，采取位移控制方式，加载速率为 2mm/min，跨距为 48mm。渐进损伤弯曲试验分为三个阶段：损伤萌发、损伤演化和失效破坏阶段，根据选取的载荷点，分别进行第 1 次、第

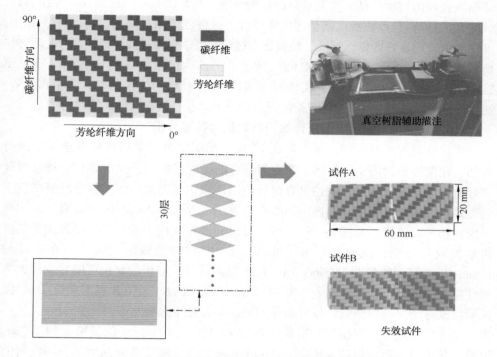

图 8-23 两种碳/芳混杂编织复合材料试件的铺设方法

2 次和第 3 次重复加载。弯曲加载的同时，利用 DS2-8A 声发射仪实时监测整个弯曲加载过程中的声发射信号。试验采用两个 RS-54A 声发射传感器，传感器与试件表面由高真空硅脂耦合后，用胶带固定。为了减少各类噪声的影响，通过多次试验，将信号采集门槛设为 40dB，采样频率为 3MHz。

8.4.2 复合材料的力学性能

基于碳/芳混杂编织复合材料的三点弯曲力学试验，获得两类试件的平均失效载荷和弯曲强度。试件 A 和试件 B 的平均失效载荷分别为 3.01kN 和 1.93kN，对应的标准偏差分别为 0.139kN 和 0.056kN；其平均弯曲强度分别为 559MPa 和 359MPa，相应的标准偏差分别为 25.94MPa 和 10.34MPa。试验测试具有良好的可重复性，试件 A 的抗弯强度明显大于试件 B，这与试件中碳纤维的取向直接相关。典型复合材料试件的弯曲载荷-位移曲线和关键点选取如图 8-24 所示。在整个弯曲加载过程，试件 A 的载

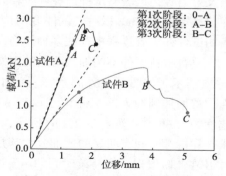

图 8-24 典型复合材料试件的弯曲载荷-位移曲线和关键点选取

荷曲线表现出线性特征，主要承载的是碳纤维。当弯曲载荷增加到0.8kN左右时，试件B的载荷-位移曲线逐渐呈现出非线性，试件刚度明显降低。与试件A相比，试件B表现出良好的韧性特征。根据复合材料的力学行为和破坏特征，弯曲渐进损伤试验分为三个阶段，分别选取A点、B点和C点为极限加载点，进行第1次、第2次和第3次重复加载，揭示碳/芳混杂编织复合材料的损伤萌生、演化和失效。在线弹性阶段选择点A，极限载荷附近选择点B，点C选在试件失效后的状态。

8.4.3 复合材料多级渐进弯曲声发射信号特征分析

通过声发射实时监测，可以对碳/芳混杂编织复合材料试件的渐进损伤进行评估，跟踪损伤的萌生和扩展。声发射信号的幅度、能量、撞击累积、持续时间和峰值频率等特征有助于描述复合材料的损伤演化与失效破坏。复合材料试件不同加载阶段的声发射能量和撞击累积与位移的关系如图8-25所示。第1次加载对应损伤萌发阶段，从图8-25(a)可以看出，试件A的声发射信号呈现出低的撞击累积数和能量，此阶段以0~30mV·ms左右的能量信号为主。在位移约1.4mm处监测到能量约6500mV·ms的声发射信号，损伤的累积可能导致较大的弹性应变能的释放，并伴随着声发射信号的急剧增加。试件B具有较好的韧性，该阶段没有明显的损伤，声发射能量和撞击累积处于极低水平。

第2次加载对应损伤演化阶段，如图8-25(b)所示，在位移增加到1.7mm以前，几乎没有声发射信号产生，遵循Kaiser效应。随着载荷的增加，声发射能量和撞击累积数增加明显，并伴有高能量的声发射信号出现。与试件A相比，试件B在该阶段高能量的声发射信号较少，这与试件的损伤模式有关。在位移增加到约为4.0mm时，试件B对应高能量的声发射信号急剧增加，微损伤的累积导致了严重损伤的发生。第3次加载对应失效破坏阶段，从图8-25(c)可以看出，试件A和试件B的声发射撞击累积数和高能量的信号明显增加，试件B的声发射撞击累积数达到40000。在位移增加到约0.5mm处，试件B出现了较高能量的声发射信号，这表明试件已经产生较为严重的损伤，呈现出明显的Felicity效应。在位移增加到3mm以后，试件B对应声发射信号的能量一直处于较高水平，这表明试件在失效过程中存在多种损伤模式。

复合材料试件不同加载阶段的声发射信号持续时间、幅值和位移的关系如图8-26所示。如图8-26(a)所示，第1次加载时，声发射信号的幅度水平较低，在位移增加到约为1.4mm时，试件A监测到1个高持续时间的声发射信号，其幅度约为60dB。如图8-26(b)所示，第2次加载时，监测到的声发射信号幅度水平和持续时间有明显的增加，尤其是试件A，此时发生了更加严重的损伤。试件B在此阶段对应高持续时间的声发射信号，各种幅度范围的信号均有覆盖，试件破坏前存在较多的微损伤累积。高幅度、低持续时间的声发射信号和高幅度、高持续时间的声发射信号分别与试件的不同失效模式有关。

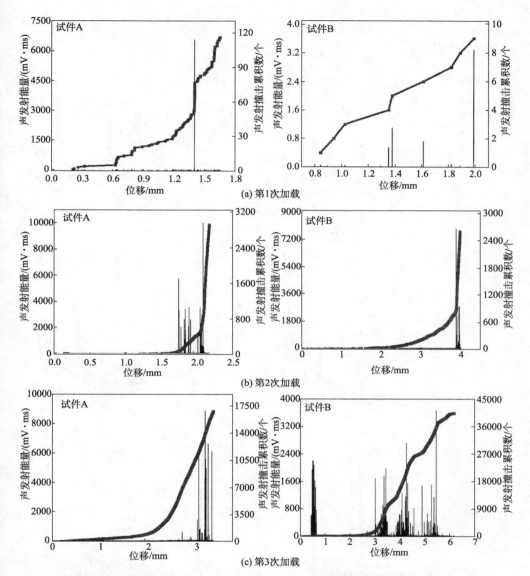

图 8-25 复合材料试件不同加载阶段的声发射能量和撞击累积与位移的关系

从图 8-26(c)可以看出，第 3 次加载时，仍存在中、低幅度和持续时间的声发射信号，但高幅度水平且持续时间较长的声发射信号明显增加，这意味着试件发生了破坏性损伤。与试件 A 相比，试件 B 对应声发射信号的持续时间更长，达到 200000μs，这表明试件 B 的失效破坏过程中存在更长时间的微损伤累积。

复合材料试件不同加载阶段的声发射信号峰值频率、幅值和位移的关系如图 8-27 所示。从图 8-27(a)可以看出，第 1 次加载时，试件 A 对应声发射信号的频率主要分布在 120kHz 范围内，存在少量 130~180kHz 的频率信号，这与基体

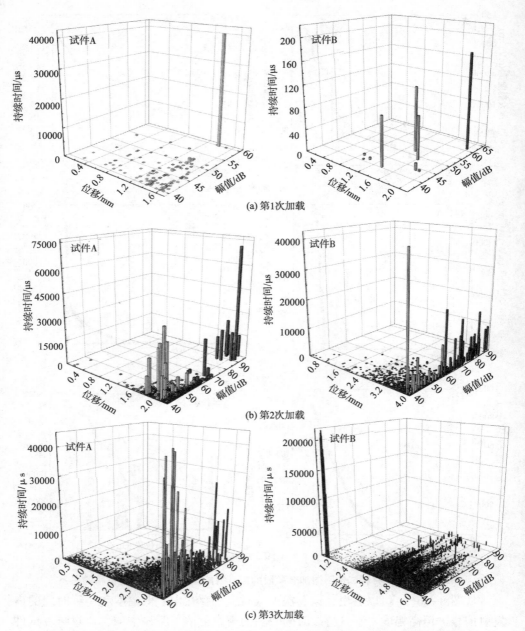

图 8-26　复合材料试件不同加载阶段的声发射信号持续时间、幅值和位移的关系

微裂纹损伤和扩展有关。对于试件 B，仅发现少量的频率在 0~120kHz 的声发射信号。如图 8-27(b)所示，第 2 次加载时，两类试件的声发射信号增加明显，其频率主要集中在 50~200kHz 范围内，此阶段的损伤主要是基体裂纹和由裂纹扩展引起的分层。

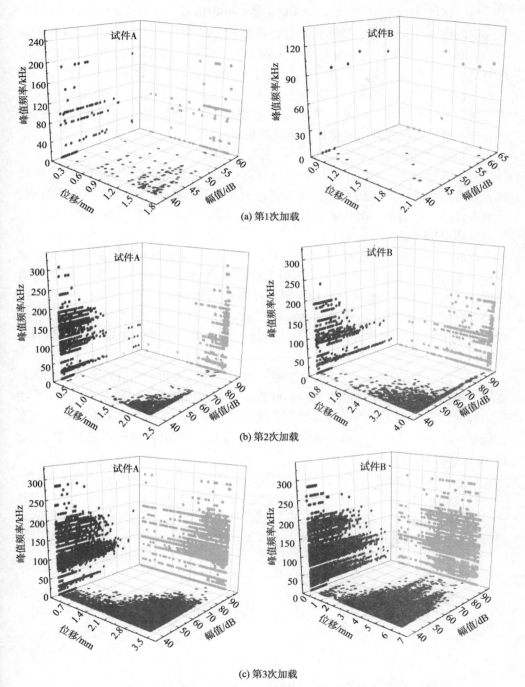

(a) 第1次加载

(b) 第2次加载

(c) 第3次加载

图 8-27　复合材料试件不同加载阶段的声发射信号峰值频率、幅值和位移的关系

对于试件 A，产生部分 200~300kHz 的声发射信号，其对应的幅度水平较低，这说明试件 A 中可能存在基体开裂引起的纤维失效损伤。对于试件 B，存在少量 200~270kHz 的声发射信号。此外，高幅度的声发射信号对应的频率相对较低，这与试件的损伤破坏模式有关。如图 8-27(c) 所示，第 3 次加载时，试件 A 和试件 B 对应声发射信号的幅度和频率更加丰富，尤其是试件 B，在 200kHz 以上的声发射信号明显增多，同时出现了大量中幅度和频率范围的信号，对应纤维/基体脱粘、纤维断裂和分层等更加严重的损伤模式。

8.4.4　结论分析

基于声发射技术，将不同纤维取向的碳/芳混杂编织复合材料渐进损伤弯曲试验分为三个阶段：损伤萌发、损伤演化和失效破坏阶段，根据选取的载荷点，分别进行第 1 次、第 2 次和第 3 次重复加载，研究了复合材料的弯曲渐进损伤行为和破坏机理，结论分析如下：

（1）纤维取向对混杂编织复合材料抗弯强度有显著影响，在整个弯曲加载过程，碳纤维主要承载的试件 A 的载荷曲线表现出线性特征，主要承载的是碳纤维，具有较高的强度和准脆性。当弯曲载荷增加到 0.8kN 左右时，芳纶纤维主要承载的试件 B 载荷-位移曲线逐渐呈现出非线性，试件刚度明显降低。与碳纤维主要承载的试件 A 相比，芳纶纤维主要承载的试件 B 表现出良好的韧性特征。

（2）声发射信号的幅度、能量、撞击累积、持续时间和峰值频率等特征能较好地描述复合材料的渐进损伤和破坏行为。第 1 次加载对应损伤萌发阶段；第 2 次加载对应损伤演化阶段，碳纤维主要承载的试件 A 对应高能量和高幅度的声发射信号更为突出；第 3 次加载对应失效破坏阶段，试件 B 对应的声发射信号主要集中在该阶段。

（3）第 3 次加载时，芳纶纤维主要承载的试件 B 出现了较高能量的声发射信号，这表明试件已经产生较为严重的损伤，呈现出明显的 Felicity 效应。在位移增加到 3mm 以后，芳纶纤维主要承载的试件 B 对应声发射信号的能量一直处于较高水平，这表明试件在失效过程中存在多种损伤模式。

参 考 文 献

［1］王春艳. 复合材料导论［M］. 北京：北京大学出版社，2018.

［2］沈功田. 声发射检测技术及应用［M］. 北京：科学出版社，2015.

［3］阳能军，姚春江，袁晓静，等. 基于声发射的材料损伤检测技术［M］. 北京：北京航空航天大学出版社，2016.

［4］杨明纬. 声发射检测［M］. 北京：机械工业出版社，2005.

［5］周俊著. 基于机器学习的声发射信号处理算法［M］. 北京：电子工业出版社，2020.

［6］于金涛. 声发射信号处理算法研究［M］. 北京：化学工业出版社，2017.

［7］李孟源等. 声发射检测及信号处理［M］. 北京：科学出版社，2010.

［8］Wen-zheng Zhao, Wei Zhou. Cluster analysis of acoustic emission signals and tensile properties of carbon/glass fiber-reinforced hybrid composites［J］. Structural Health Monitoring, 2019, 18 (5-6)：1686-1697.

［9］Wei Zhou, Wen-zheng Zhao, Yan-nan Zhang, Zhen-jun Ding. Cluster analysis of acoustic emission signals and deformation measurement for delaminated glass fiber epoxy composites［J］. Composite Structures, 2018, 195：349-358.

［10］Peng-fei Zhang, Wei Zhou, Han-fei Yin, Ya-jing Shang. Progressive damage analysis of three-dimensional braided composites under flexural load by micro-CT and acoustic emission［J］. Composite Structures, 2019, 226：111196.

［11］Yan-nan Zhang, Wei Zhou, Peng-fei Zhang. Quasi-static indentation damage and residual compressive failure analysis of carbon fiber composites using acoustic emission and micro-computed tomography［J］. Journal of Composite Materials, 2020, 54(2)：229-242.

［12］Wei Zhou, Peng-Fei Zhang, Han-Fei Yin, Ya-Jing Shang. Flexural damage behavior of carbon fiber three-dimensional braided composites using acoustic emission and micro-CT［J］. Materials Research Express, 2019, 6(11)：115601.

［13］Wei Zhou, Peng-fei Zhang, Yan-nan Zhang. Acoustic emission based on cluster and sentry function to monitor tensile progressive damage of carbon fiber woven composites［J］. Applied Sciences, 2018, 8(11), 2265.

［14］Wei Zhou, Zhi-hui Lv, Zhi-yuan Li, Xiang Song. Acoustic emission response and micro-deformation behavior for compressive buckling failure of multi-delaminated composites［J］. Journal of Strain Analysis for Engineering Design, 2016, 51(6)：397-407.

［15］Wei Zhou, Ran Liu, Zhi-hui Lv, Wei-ye Chen, Xiao-tong Li. Acoustic emission behaviors and damage mechanisms of adhesively bonded single-lap composite joints with adhesive defects［J］. Journal of Reinforced Plastics and Composites, 2015, 34(1)：84-92.

［16］Wei Zhou, Ran Liu, Ya-rui Wang, Zhi-hui Lv, Jing Han, Xiao-tong Li. Acoustic emission monitoring and finite element analysis for torsion failure of Metal/FRP cylinder-shell adhesive joints［J］. Journal of Adhesion Science and Technology, 2015, 29(22)：2433-2445.

［17］Wei Zhou, Zhi-hui Lv, Ya-rui Wang, Ran Liu, Wei-ye Chen, Xiao-tong Li. Acoustic response and micro-damage mechanism of fiber composite materials under mode-II delamination

[J]. Chinese Physics Letters, 2015, 32(4): 046201.

[18] 周伟, 孙诗茹, 冯艳娜, 张亭, 韩江云, 戚海东. 风电叶片复合材料拉伸损伤破坏声发射行为[J]. 复合材料学报, 2013, 30(2): 240-246.

[19] 张燕南, 周伟, 商雅静, 赵文政. 三维编织复合材料拉伸微变形的测量与损伤破坏声发射监测[J]. 纺织学报, 2019, 40(8): 55-63.

[20] 张鹏飞, 商雅静, 周伟, 赵文政. 碳纤维编织复合材料弯曲损伤破坏声发射监测[J]. 中国测试, 2019, 45(5): 47-53.

[21] 商雅静, 尹寒飞, 周伟, 张燕南. 碳纤维三维四向编织复合材料拉伸变形与损伤破坏行为[J]. 玻璃钢/复合材料, 2018, 12: 41-46.

[22] 尹寒飞, 张鹏飞, 丁振君, 周伟. 碳/芳混杂编织复合材料拉伸变形及损伤声发射监测[J]. 玻璃钢/复合材料, 2018, 10: 20-25.

[23] 赵文政, 李敏, 张燕南, 周伟, 岳斌. 复合材料损伤过程声发射信号聚类分析与压缩变形测量[J]. 玻璃钢/复合材料, 2018, 6: 5-10.

[24] 张燕南, 赵文政, 雒新宇, 庞艳荣, 周伟. 碳纤维编织复合材料拉伸变形测量及声发射监测[J]. 工程塑料应用, 2017, 45(8): 97-100.

[25] 赵文政, 张燕南, 雒新宇, 庞艳荣, 周伟. 复合材料波纹褶皱区域损伤变形测量及声发射监测[J]. 玻璃钢/复合材料, 2017, 5: 53-60.

[26] 卢博远, 赵静, 韦子辉, 周伟. 碳纤维编织复合材料损伤变形与破坏实验研究[J]. 玻璃钢/复合材料, 2017, 5: 22-27.

[27] 刘然, 周伟, 李亚娟, 包正宇, 陈维业, 李晓彤. 金属/玻璃钢柱壳胶接头拉伸实验声发射监测[J]. 中国测试, 2015, 41(9): 125-128.

[28] 李亚娟, 周伟, 刘然, 张雪梅. 复合材料Ⅱ型分层损伤演化声发射监测[J]. 玻璃钢/复合材料, 2015, 1: 54-58.

[29] 周伟, 张晓霞, 韩婧, 路博晗, 邢新康, 程丽云, 陈家熠. 复合材料单搭接胶接头破坏声发射监测[J]. 工程塑料应用, 2014, 42(3): 69-72.

[30] 周伟, 田晓, 张亭, 冯艳娜, 孙诗茹. 风电叶片玻璃钢复合材料声发射衰减与源定位[J]. 河北大学学报(自然科学版), 2012, 32(1): 100-104.

[31] 梁晓敏, 周伟, 庞艳荣, 包正宇. 基于小波分析的复合材料层间损伤声发射行为[J]. 玻璃钢/复合材料, 2014, 8: 44-48.

[32] 李亚娟, 周伟, 刘然, 梁晓敏, 李志远. 风电叶片复合材料层间开裂声发射监测[J]. 河北大学学报(自然科学版), 2014, 34(2): 219-224.

[33] 周伟, 马力辉, 张洪波, 卢庆华. 风电叶片复合材料弯曲损伤破坏声发射监测[J]. 无损检测, 2011, 33(11): 33-37, 45.

[34] Qi G, Wayne SF, Penrose O, et al. Probabilistic characteristics of random damage events and their quantification inacrylic bone cement[J]. Journal of Materials Science: Materials in Medicine, 2010, 21(11): 2915-2922.

[35] Qi G, Wayne SF, Fan M. Measurements of a multicomponent variate in assessing evolving damage statesin a polymeric material[J]. IEEE Transactions on Instrumentation and Measurement, 2011, 60(1): 206-213.

［36］Qi G, Fan M, Lewis G, et al. An innovative multi-component variate that reveals hierarchy and evolution of structural damage in a solid: application to acrylic bone cement［J］. Journal of Materials Science: Materials in Medicine, 2012, 23(2): 217-228.

［37］Qi G, Wayne SF. A framework of data-enabled science for evaluation of material damage based on acoustic emission［J］. Journal of Nondestructive Evaluation, 2014, 33(4): 597-615.

［38］李亚娟. 风电叶片分层缺陷演化的力学行为及声发射响应特性研究［D］. 河北大学, 2015.

［39］刘然. 风电叶片复合材料胶接接头损伤破坏声发射行为研究［D］. 河北大学, 2016.

［40］吕智慧. 复合材料分层损伤微区应变测量及声发射统计特征［D］. 河北大学, 2017.

［41］卢博远. 基于声发射和数字图像相关方法编织复合材料损伤破坏研究［D］. 河北大学, 2017.

［42］赵文政. 复合材料变形损伤监测及声发射特征信号的聚类分析［D］. 河北大学, 2018.

［43］张燕南. 碳纤维三维编织复合材料拉伸变形测量与渐进损伤研究［D］. 河北大学, 2018.

［44］张鹏飞. 基于 Mirco-CT 与声发射技术编织复合材料损伤破坏研究［D］. 河北大学, 2020.

［45］尹寒飞. 碳/芳混杂编织复合材料力学变形测量与损伤检测研究［D］. 河北大学, 2020.

［46］商雅静. 碳纤维三维编织复合材料损伤演化及声发射统计特征分析［D］. 河北大学, 2020.

［47］ASTM D3039/D3039M-17 Standard Test Method for Tensile Properties of Polymer Matrix Composite Materials.

［48］ASTM D3410/D3410M-16 Standard Test Method for Compressive Properties of Polymer Matrix Composite Materials with Unsupported Gage Section by Shear Loading.

［49］ASTM D6484/D6484M-14 Standard Test Method for Open-Hole Compressive Strength of Polymer Matrix Composite Laminates.

［50］ASTM D7264/D7264M-15 Standard Test Method for Flexural Properties of Polymer Matrix Composite Materials.

［51］ASTM D3165-07(2014) Standard Test Method for Strength Properties of Adhesives in Shear by Tension Loading of Single-Lap-Joint Laminated Assemblies.

［52］ASTM D7078/D7078M-20 Standard Test Method for Shear Properties of Composite Materials by V-Notched Rail Shear Method.

［53］ASTM D7136/D7136M-15 Standard Test Method for Measuring the Damage Resistance of a Fiber-Reinforced Polymer Matrix Composite to a Drop-Weight Impact Event.

［54］ASTM D3479/D3479M-19 Standard Test Method for Tension-Tension Fatigue of Polymer Matrix Composite Materials.

［55］ASTM D6115-97(2019) Standard Test Method for Mode I Fatigue Delamination Growth Onset of Unidirectional Fiber-Reinforced Polymer Matrix Composites.

［56］ASTM D7905/D7905M-19e1 Standard Test Method for Determination of the Mode II Interlaminar Fracture Toughness of Unidirectional Fiber-Reinforced Polymer Matrix Composites.

［57］GB/T 1447—2005《纤维增强塑料拉伸性能试验方法》

［58］GB/T 1449—2005《纤维增强塑料弯曲性能试验方法》

［59］GB/T 3354—2014《定向纤维增强聚合物基复合材料拉伸性能试验方法》

［60］GB/T 3355—2014《聚合物基复合材料纵横剪切试验方法》

［61］GB/T 3356—2014《定向纤维增强聚合物基复合材料弯曲性能试验方法》

［62］GB/T 28889—2012《复合材料面内剪切性能试验方法》

［63］GB/T 30969—2014《聚合物基复合材料短梁剪切强度试验方法》

［64］GB/T 30970—2014《聚合物基复合材料剪切性能 V 型缺口梁试验方法》

［65］GB/T 32377—2015《纤维增强复合材料动态冲击剪切性能试验方法》

［66］GB/T 33613—2017《三维编织物及其树脂基复合材料拉伸性能试验方法》

［67］GB/T 33614—2017《三维编织物及其树脂基复合材料压缩性能试验方法》

［68］GB/T 33621—2017《三维编织物及其树脂基复合材料弯曲性能试验方法》

［69］吴占稳，王少梅，沈功田．基于小波能谱系数的声发射源特征提取方法研究［J］．武汉理工大学学报，2008，32(1)：85-87.